人人都能掌握的高效记忆法

朱选好◎著

国家一级出版社 中国纺织出版社 全国百佳图书出版单位

内 容 提 要

这本书从理论篇、实用篇和竞技篇全方位来帮助读者去高效记忆。理论篇（前四章）讲到大脑基本功的一些训练，详细介绍了几种强大的记忆体系——记忆宫殿、连锁串联法、情景画面法等，这些都属于体系性的记忆方法。然后还介绍了强大的思维导图，这是达芬奇的笔记方式，可以快速提高学习效率。实用篇（后两章）主要讲到怎样把记忆法运用到学习和生活中，详细介绍了如何记忆古诗文，如何记忆现代文，如何记忆政、史、地及英语单词，还写到了日常生活中比如电话号码、人名等记忆法。竞技篇（最后一章），针对部分想参加世界脑力锦标赛的读者，本书还给大家详细介绍了各大项目的破解捷径。

图书在版编目（CIP）数据

人人都能掌握的高效记忆法／朱选好著. —北京：中国纺织出版社，2017. 10
ISBN 978-7-5180-3889-3

Ⅰ.①人… Ⅱ.①朱… Ⅲ.①记忆术 Ⅳ.①B842.3

中国版本图书馆CIP数据核字（2017）第182699号

策划编辑：郝珊珊　　责任印制：储志伟

中国纺织出版社出版发行
地址：北京市朝阳区百子湾东里A407号楼　邮政编码：100124
销售电话：010—67004422　传真：010—87155801
http：//www.c-textilep.com
E-mail：faxing@c-textilep.com
中国纺织出版社天猫旗舰店
官方微博http：//weibo.com/2119887771
三河市延风印装有限公司印刷　　各地新华书店经销
2017年10月第1版第1次印刷
开本：710×1000　1/16　印张：14.5
字数：160千字　定价：36.00元

目 录

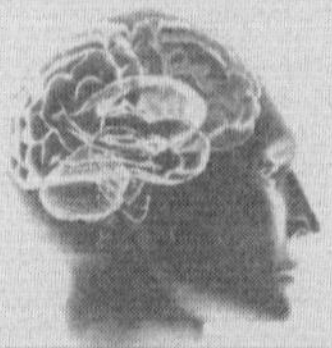

第一章　高效记忆的原理

第一节　记忆法的原理——图像

人类在诞生时，并没有发明文字。当一个人看到一只兔子，他并不知道它叫兔子或者 rabbit；当一个人看到一棵小树，他也不知道它叫小树或者 tree；当一个人看到河流时，他照样不知道它是河流或者 river。所以说人类在最初时只是凭借脑海中的图像去记忆。但是随着人类文明的推进，人类发明了文字。于是人类的记忆只是去记忆文字，结果往往记不住，因为这违背了人类最原始的记忆习惯——**图像记忆**。

世界上真正的记忆高手（世界记忆大师或者最强大脑选手）记东西时其实都是利用图像记忆的原理。无论是记忆数字、扑克、二维码、指纹等，都是通过在脑海中加工并转化成图像去记忆的。

所以，本书中所介绍记忆法基本上都离不开图像记忆的原理，如连锁串联法、定桩法等。

第二节　记忆的过程

记忆是过去的经历在人脑中的反映，是一种复杂的心理活动。形成记忆的过程包括识记、保持、再现和回忆四个基本过程。

识记是通过感知得到信息并在脑中留下印象的过程，是整个记忆活动的开始。依据事先有无目的，可将识记分为有意识记和无意识记。

保持是信息的编码与储存，从信息处理的角度来说，再现和回忆都可以归入信息搜索里来，这样所有的记忆基本上要通过以下历程：

1. 把所需要记忆的材料转化成图像编码

说到记忆靠的是图像，那么我们就要先把所需要记忆的材料转化成图像，也就是所谓的编码。例如 23 XO 74 SD 93 07 65 79 39 77 这是一串毫无规律的数字、字母、词语，如果死记硬背肯定很吃力，但是我们把这些数字转化成编码（图像）就方便多了。

23——和尚；XO——XO 酒；74——骑士；SD——SD 卡；93——旧伞；

07——锄头；呐喊—喇叭； 39——三舅；79——气球；MD—麦当劳

2. 把编码储存在"记忆宫殿"里面

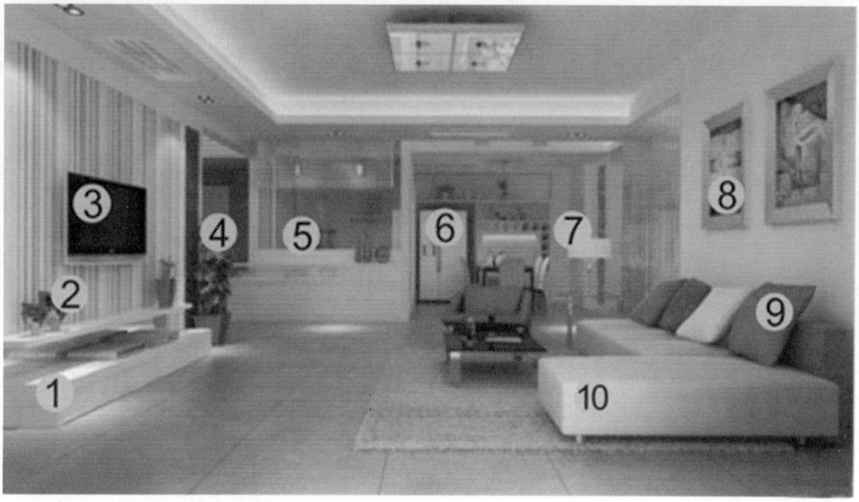

（1）找"记忆宫殿"

①桌子；②花瓶；③电视机；④花盆；⑤窗台

⑥冰柜；⑦台灯；⑧名画；⑨沙发靠背；⑩沙发

（2）把前面的编码放在记忆宫殿里

①想象桌子上有个和尚；

②想象花瓶里有瓶 XO 酒；

③想象电视机里播放骑士打仗的场面；

④想象花盆里有好的 SD 卡；

⑤想象窗台上有把旧伞；

⑥想象有个拿着锄头砸冰柜；

⑦想象台灯上有个喇叭（代表呐喊）；

⑧想象名画上画的是舅舅；

⑨想象沙发背上有很多气球；

⑩想象沙发上有个麦当劳。

（3）把编码从“记忆宫殿”里提取出来

接下来，我们就要先想象房间里不同位置的编码图像；

（4）把编码翻译成原来的记忆材料

最后，把这些编码图像转化成原来记忆的材料。

第三节　记忆的分类

前面我们分析了记忆的过程，接下来给大家介绍一下记忆的分类。

1. 第一种分类

（1）无意识记忆

无意识记忆是指个体凭视觉、听觉、味觉、嗅觉等感觉器官无意中接收到信息后，马上储存在人脑中。无意识记忆只留在感官层面，如稍微不注意，很快就会消失。

（2）有意识记忆

有意识记忆是指我们根据实际需要记忆的信息刻意去记的，这种记忆方式往往具有针对性和重复性，记忆的效果更好、时间更长，不容易忘记。

2. 第二种分类

（1）短时记忆

短时记忆是指个体接收到信息同时能够意识到并保持在20秒左右的记忆。生活中我们从电话本里查找到一个电话，然后凭记忆按下电话号码，可是打完电话你却完全记不起电话号码了。这就是你运用了短时记忆。

（2）长期记忆

短时记忆经过复习后就会进入长期记忆，但是如果不加复习就会遗忘。长期记忆的保持时间可以是2小时以上，甚至终生不忘，所以也可以叫永久记忆。我们生活中所用的知识就来自长期记忆。

第四节 记忆的方式

人人都希望拥有最出色的记忆力，都希望自己的记忆力能够充分满足自己学习、工作和日常生活中的需求，如果按记忆效率来划分，那么记忆可以划分为从低到高的三个境界模式，其实也就是三种记忆方式：

常见的三种记忆方式：

（1）声音记忆：死记硬背；

（2）逻辑记忆：只需记住规律，不记而记；

（3）图像记忆：快速高效的记忆方式；

1. 声音记忆：死记硬背，最常用却效率最低的方法

我们从小到大，面对大量记忆信息，例如文章、单词等，都是靠反复读来记忆的，正所谓“书读百遍，其义自见”。但是这种记忆方式效率太低。一方面，反复读会消耗掉大量时间；另外一方面，这种死记硬背纯粹依赖的是熟能生巧的哲学基础，一旦长时间不复习，很容易忘记。尤其是英语单词，有很多学生记忆英语单词是一个字母一个字母读的，反复读很多遍才勉强记住。

例如“application 应用”，申请，对于这个单词，很多学生会读记——a、p、p、l、i、c、a、t、i、o、n 应用，申请。但是由于每个字母之间没有任何规律，所以时间长了，很容易忘记。

其实，我们死记硬背的记忆方式就是靠声音记忆。无论你记忆单词、文章、古诗、手机号，你回忆的时候，脑海中是有声音的，但是这些声音往往没有节奏感、杂乱无章，很容易忘记。

2. 逻辑记忆：不记而记

逻辑记忆也可以叫作理解记忆。比如我们记忆数学公式、化学公式、物理公式，由于我们本身对这些公式有很深的理解，可以达到不记而记的效果。

逻辑记忆只是面对一些非常有规律的记忆材料的时候才会有用。当我们要记这些有规律的材料时，只要它有着并不很复杂的规律，那么，无论这些材料的内容是多还是少，我们所需要记忆的仅仅是其中所蕴含的规律。

因此，逻辑记忆方法在面对那些非常有规律而又非常大量的记忆材料时，就显示出其强大的威力，我们根本不需要管这些资料到底有多少，只需要记住其中简单的规律就可以了。在回忆或者应用的时候，我们只需要根据这个简单的规律，就可以把所有的资料都准确无误地复述出来。

例如：记忆下面这组数字：

1、3、5、7、9、11、13、15；

2、4、6、8、10、12、14、16；

2、4、8、16、32、64、128

只要稍微看一下，第一组是奇数；第二组是偶数；第三组后面的数是前面的2倍。如果你找到这个规律，你很快就可以记住这几组数字。

找出排列的规律，那么根本就不需要一个个数字去记，而只需要记住这些规律就行了。特别是这些数字非常多，但规律又很简单的时候，逻辑记忆就能够充分显示出它的优势来了。当然，逻辑记忆仅限于记忆那些非常有规律的资料，而大部分情况下，记忆的材料都是没有规律的，这个时候，逻辑记忆就派不上用场了。

3. 图像记忆：快速高效的记忆方式

我在本书开篇就诠释了记忆的原理——图像。图像记忆的基本原理，就是把所有需要记忆的材料，通过各种方式转化为生动具体的图像，然后运用联想法、定桩法等方法来记忆它们。

例如，记忆下面这些没有规律的词组，如果死记硬背很难，但是用图像记忆就很容易记住。

画画、袋子、白天鹅、地板、刘德华、公交车

打火机、葡萄、珍珠、菜盘、大厦、的士、护士

香水、荷花、小草、熊猫、轮船、韭菜、皮鞋

图像记忆：想象我在画画，画了一个袋子，袋子钻出一只白天鹅，白天鹅飞到地板上，地板上有刘德华，刘德华去做公交车，捡到一个打火机，打火机上面画的是葡萄，葡萄变成了珍珠，砸到了菜盘，菜盘送到大厦去，回来坐的士，的士里面有个护士，护士在喷香水，香水喷到了荷花上，荷花旁边有很多小草，草丛里有一只大熊猫，熊猫去开轮船，轮船上长了很多韭菜，韭菜长在皮鞋上。

你可以尝试着回忆这些画面，很容易就能回忆起这些词语。这就是图像记

忆的高效性。

图像记忆三大法：联想法、编码法、定桩法。通过这三种非常有效方法的运用，再抽象、再复杂的记忆材料，都能被快速转化。

第五节　记忆的三大步骤

记忆三大步骤是：转化、联结、定桩。

编码转化：将所需要记忆的信息转化成编码

编码联结：让两个或以上的编码图像发生联系

编码定桩：这些编码图像放在定桩上

1. 转化

大脑是以实物的图像为主来运作的。转化的目的就是让信息变成“看得见”。

转化之前我们还要做一个动作叫作信息处理。

信息处理的方法很简单就是把所有的信息进行裁减，去除自己大约能够记住的没有必要的信息。把那些自己认为重要的、不太容易记住的信息留下来，

以语言思考为中心，可以把转化分为两类：

（1）替换法

替换法其本质就是联想。

联想就是由一个东西想到另一个东西。

我们是怎么由一个东西想到另一个东西的呢？

答案是：相似、相近、相同、相反、特征。

例如：

漂亮——刘亦菲；教育——俞敏洪；富豪——王健林；偏僻——山沟

聪明——诸葛亮；成功——马云；武艺高强——乔峰；冠军——乔丹

通过上以的几个路径你很容易找到你要转化的图像。

（2）谐音法

谐音的概念：谐音就是字的读音相同或者是相近。

怎么谐音呢？方法顺序有：

改变声调 → 改变声母 → 改变韵母 → 加字 → 减字 → 拆分 → 感觉

波什——博士；大唐——糖；马鞍山——马鞍；

2. 联结

联结的方法一般有普通的联想，逻辑关系，想象创造关系，编故事，编成歌诀等。

在快速记忆里所取的联结不是一般语言所表达的联结，而是两个图像之间的联结，是两幅图合并后产生一幅新图的样子。

请注意是：两个图产生关系！

（这一步没有理解就会出现联想很累，记忆烦锁的感觉。）

以下是可以供参考的联结规则：

（1）注意顺序，第一个在前，第二个在后，不要颠倒顺序。

例如哥哥和北京，可以说哥哥去北京，不可以说北京有哥哥；

（2）两个编码图像要紧密相连；

例如，凳子和老鼠，可以说凳子砸老鼠，不要说凳子旁边有老鼠。

（3）两个编码图像要对称，要不然容易忘记那个小一点编码。

例如，故宫和八戒，可以想象八戒和故宫一样大，也可以想象故宫是个模型，和八戒一样小。

（4）两个编码大小差异太大时，要把小的数量想多一点。

例如，蚂蚁和大象，可以想象很多蚂蚁爬在大象身上。

马路和蝌蚪，可以想象很多蝌蚪爬在马路上。

（5）可以把动物、植物拟人化。

例如，兔子和城堡，可以想象兔子在修城堡。

（6）不要用一个编码做成另一个编码。

例如，沙子和汽车，不能说沙子做的汽车。

（7）不要用一个编码像另一个编码。

例如，眼睛和鸡蛋，可以说眼睛里放着两个鸡蛋，但不可以说眼睛像鸡蛋。

（8）编码之间是两两相连，不需要跳跃式连接。

3. 定桩

在记大量的资料时，不可以把图像无限制地连结下去。一来是回忆速度慢，二来是一旦中间忘了，后面的图像就回想不起来了，所以要分段。而定桩就是因这个目的而产生的。

定桩法有很多种，其中以罗马房间法为原形的方法，是最经典最早出现的方法。

初学者必须学会的方法有：房间法、身体定桩、人物定桩、挂钩法、编码法。

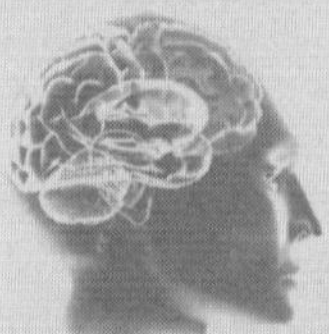

第二章　记忆法的基本功训练

第一节　基本功训练

要提高记忆力，基本功的训练很重要。正如习武之人刚开始每天都要练习扎马步，而我们在练习的初级阶段每天都要练习一些基本功，基本功打扎实了，以后就会进步得很快。万丈高楼平地起，基本功不扎实，到后面就很难有大的进步!

大脑操——左右脑平衡、协调训练

世界万物都需要平衡、协调发展。人要跑得快，双腿必定要先协调，双手做事总比一只手做事要快。同样的，左右脑同时运作总比左脑独自运作要快要好，大脑平衡、协调的工作，才能发挥她的强大功效，才能激活她强大的潜能。

我们很多的训练里面都隐含着左右脑平衡训练，现在，我们来进行一些高效的左右脑平衡训练，熟练以后就要越来越快。

（1）大小拇指转换

左手小指伸直，其余四指轻轻握紧，同时右手大拇指伸直，其余四指轻轻握紧；然后换过来，左手大拇指伸直，其余四指轻轻握紧，同时右手小拇指伸直，其余四指轻轻握紧，如此循环往复，每次练习 1~2 分钟即可。

（2）变换手指训练

左手伸直食指和中指，其余的收回，同时右手伸直中指和无名指，其余是收回；然后换过来，左手的食指收回，无名指伸出，同时右手的食指伸出，无名指收回，如此循环往复，每次练习 2~3 分钟即可。

（3）捶——搓游戏

自然坐着，双手放在大腿上，左手轻轻握拳，轻轻捶打左大腿的某一固定位置，同时右手手掌伸直，顺着右腿前后搓动，持续十秒左右就换过来，即右手握拳，轻轻捶打右腿某一固定位置，左手伸直，顺着左腿前后搓动，如此循环往复，每次练习 2~3 分钟即可。

（4）反语游戏

人半蹲着，同伴喊“蹲”的时候，你就“站”起来，同伴喊“站”的时候，你就 “蹲 ”下去。

还有前——后、左——右的相反训练，都是与口令相反的游戏，这些都会在训练中练习，这里就不一一详述了。

（5）同画方圆

这个练习难度是最高的，双手各执一笔，一手画圆，一手画正方形或三角形。

（6）左手写字训练

用你的左手写字（左撇子用右手），可以默写你喜欢的歌曲、诗句、英文、名言、座右铭等，也可以尝试画画，刚开始先把字写好看，再慢慢追求速度，越快越好。

事实上，除了专业的平衡、协调训练，平时我们可以尽量的多用左手、左脚，例如，用左手刷牙、吃饭，开门、擦桌子、用鼠标、打电话、发信息，走路先迈左脚，这都是很好的训练。（如果是左撇子就用右手）

第二节　呼吸训练

调整呼吸，古代称为调息，一呼一吸则为一息。把呼吸调整好，不但能启动人体真气、调和气血、按摩内脏，而且有助于身心放松、意气相合、大脑入静。

调整呼吸可以迅速提高人体的血氧浓度，为大脑送去大量的氧气，对清晰大脑、提高大脑的思维能力和记忆力都有很多的帮助，同时还可以改善大脑血液循环，激活更多沉睡的大脑神经细胞，有效地缓解大脑的紧张和疲劳。

1. 自然呼吸法

鼻吸鼻呼，这种呼吸法和我们平时的呼吸的区别在于，自然呼吸法是在放松身体、调整意识、排除杂念的状态下，以自己的意念活动逐步把呼吸运动练到柔和、细缓、匀畅的境地!

这是基础的呼吸方法。

2. 深长呼吸法

深长呼吸法是在自然呼吸法的基础上，逐步把呼吸运动锻炼得深长一些，达到稳、静、匀、长。同时要注意的是，不能为了追求所谓的深长而故意憋气，那是很不好的，鼻吸鼻呼、鼻吸口呼均可。

3. 腹式呼吸

腹式呼吸又叫逆呼吸，这种呼吸的明显特征就是吸气肚子小，呼气肚子大，膈肌上下活动幅度和腹壁前后活动的幅度都很大，腹腔的功能活动增加，对肠胃运动和消化功能有显著的作用。鼻吸鼻呼、鼻吸口呼均可。

吸则尽量吸饱满，吐则尽量吐干净，以上呼吸方法可以根据个人喜好，只要空气不浑浊，随时随地都可以进行练习，可以坐着练习，也可以一边走路一边练习，早上、晚上、疲劳时练习效果最好。

第三节 舒缓大脑操

在我们的一些训练中，在日常生活、学习中，有时会长时间精神高度集中，造成大脑疲劳，这里和大家分享一套中国武术健脑操，对缓解大脑疲劳、增加大脑的血氧、调动人体真气都很有帮助的，同时还可以让大脑安宁清晰、精神愉快，身体轻松舒服等。

做法：先从头到脚全部活动放松 2 分钟，清空思维，心无杂念，然后坐北朝南方向直身站立，口眼微闭，下颚微收，两足横开与肩同宽，双脚平直，双手自然下垂于两大腿外侧，全身放松。

按上法摆好姿势后，用力深呼吸三口气，尽力呼出体内所有的浊气，然后，鼻吸口呼，吸气时舌尖轻砥上颚，小腹稍凸起，意念(一束杯子大的金光色的光束，集天地之灵气、万物之精华)从头顶百会穴垂直下降至腹部丹田，同时双手从两大腿外侧缓慢做弧形上提到额部上方，肘上提时掌指伸直，指尖相对，手心向上，此时气已吸足。

随后双手在额部内旋翻转，慢慢吐气，同时双掌向下按，掌心向下，指尖相对，经胸腹向下按至双脚接近地面，上身亦同时弯曲向前俯，两腿绷直，不能弯曲。意念内气从丹田分作两股分别从两大腿内侧往下灌注到双足涌泉穴；然后慢慢直腰抬身，双掌内旋慢慢向上作弧形上提（掌心向上，指尖相对），同时意念从脚后外侧经大腿返回丹田，身体正直，气刚好吐完，此为一次（吸气时舌尖轻砥上颚，呼气时放平，小腹内收）。紧接着，从头再来，反复多次练习。

此操练习次数不限，最好就是每次能练习 10 分钟以上，每天坚持练习一段时间，对中年以上的朋友特别有帮助。

如果仅仅是为了舒缓大脑，每次练习 3~5 分钟就有很不错的效果了。

这是比较严谨的大脑潜能操，如果大家觉得麻烦，这里还跟大家分享一些很常见、简单、高效的健脑技巧。

1. 干梳头

十指弯曲，从前到后干梳头，指尖梳到头皮，用一点力，让大脑的皮层和神经得到放松，梳十多次让头皮有一点疼痛就好。

2. 拍头

由轻到重、有节奏地拍，从前到后拍，这样能震松更深层次的大脑神经，让大脑得到更深的放松和舒缓，哪里不舒服哪里就多拍，拍 2 分钟左右大脑放松了就好。

3. 拍颈部

脖子就是人体的重要关卡，是连接大脑和身体的唯一通道，而且一直支撑着整个大脑的重量。如果通道不畅通，大脑就供给不足，进而影响大脑功能。哪里酸哪里就多拍、重拍，上下循环拍，一边一边地拍，拍后面和两侧就好，前面不要拍哦，拍到自己舒服为止。

4. 干洗脸

双手五指并拢，从上往下干洗脸，用点力，大概洗 10 ～ 15 遍就好。

5. 揉太阳穴

太阳穴的重要性就不用说了，人体九大要穴位之一，太阳穴直接连接着人的心脑，头晕头痛的时候，涂药都是涂在太阳穴或百会穴，对吧？揉太阳穴可以间接拉动大脑神经，增加大脑的血液。

6. 揉眼睛

眼睛是心灵的窗口。我们可以多做学校里的眼保健操，多揉几下。另外分享一个很好用的方法：稍用一点力闭上眼睛，眼珠在里面旋转，顺、逆时针各旋转10遍左右就好，然后使劲地闭上眼睛，持续3~5秒钟，再用劲地睁开眼睛，但是眼皮不能睁开，持续3~5秒，多重复做几次，最后，快速搓热双手，用手掌心捂住眼睛一会儿，并且用你的意念去放松眼珠，注意用心去感受眼珠的感觉，这对缓解眼睛疲劳很有帮助。

7. 揉耳朵

根据祖国中医的全息疗法，人体的耳朵、手掌和脚掌，其相应位置都和身体各相应器官连接着。其中耳朵是最敏感又是离大脑最近的，所以揉耳朵对大脑也是百利而无一害。揉的时候，从上往下揉，耳轮、耳背都揉，耳垂多揉一些，用力以稍微有一点疼痛为度，大概揉2分钟，耳朵发红发热为止。

以上的7点，平时学习感觉累的时候，可以做其中的一种或多种，完全是根据个人喜好而定，但是我们平时训练记忆力的时候，最好能训练前后各练习一遍。

或许有人问，我就练习记忆力而已，何必弄这么多条条框框？其实这是见仁见智的事情，身体和大脑并不是完全独立的，它们之间存在着非常密切的相互作用。身体好的人，通常大脑也好用，如果身体病怏怏的，大脑也会跟着迟钝。这里，我只是分享对我个人和学生都有效、有益的东西，大家可以根据自身的意愿进行取舍。

这些所有的练习，只要你真的去做了，对大脑很有益，这是肯定的，但是对于提高记忆力就只能是辅助的作用，要真正提高记忆力，还是得好好练习记忆的方法。

第四节　注意力训练

注意力训练在超级记忆训练当中是非常重要的，没有注意力就没有记忆力!

注意力训练的方法不少，这里介绍几种简单高效的方法给大家参考，记住，速度一定要快。

1. 数数字

从 1 数到 100，逢 3 的倍数不数

如：1、2、4、5、7、8、10、11、13……

数完了再从 100 数到 1，同样逢 3 的倍数不数

如：100、98、97、95、94、92、91、89、88、86……

2. 从 1 到 100，加 3 前进

如：1、4、7、10、13、16、19、22………

再从 100 减 3 后退

如：100、97、94、91、88、85、82…….

3. 数扑克

拿一副扑克，以最快的速度在保证正确率的情况下数完，并记录每一遍的时间，是否正确，20 秒内数完一张不错算合格。

4. 眼睛对视训练

找一个同伴或好友，自然地睁大眼睛看着对方的眼睛，不能眨眼，谁先眨眼，谁就输!

第五节　多感官内视训练

多感官内视训练，就是运用多种感官（视觉、听觉、触觉、嗅觉、情感等），让图像活动起来的训练。这个训练刚开始的时候可能有些难度，但慢慢坚持训练一段时间后，就会发现不仅对记忆大有帮助，而且你的感情也会越来越丰富了！

我们先来深呼吸3口气，好让我们的身体放松下来，准备好了吗？好，闭上眼睛，我们一起来在大脑里想象一支竖起来的圆珠笔，大概14厘米长，上面盖着透明的笔盖，笔盖里面是镀锌的笔头和笔尖，外面的笔壳是水晶一般的透亮，里面装着黑墨水的笔芯，笔壳上方裹着一层橡胶，下方贴着一张有编码的标签，最下面是黑色的笔尾，好，你想到了吗？我们再来把它全部想象成黑色，黑乎乎的，像碳一样黑，黑得发亮、闪光！接下来我们再把它变成粉红色，好温暖的颜色！想到了吗？再下来，我们再把它变成彩虹一般的色彩！赤、橙、黄、绿、青、蓝、紫，好漂亮哦！也可以变成你喜欢的颜色！

现在，我们再来把笔放大，像孙悟空的金箍棒一样，要怎么变就怎么变，变成竹子那么大，再变成柱子那么大，越来越大，越来越长，直冲向天空！注意，用心感受那种突然变化带给你的惊喜。好了，我们再来把它慢慢缩小，继续缩小，缩小到一根针、一根头发的大小，直到看不清它的轮廓为止，轻得好像在空中飘一样！好了，经过伸缩的训练后，我们把它还原到让你舒服的大小。

接下来，我们再来感受一下它的声音，想象笔掉到地板上“叮当”的一声，像铃声一样的清脆，再来想象笔掉到地上“霹雳”的一声，像闪电一样，骇人心弦！再来想象笔掉到地上像狮子狂怒“吼”一声，毛骨悚然，也可以想象你自己的狂叫声。能想象到吗？可能有点困难，但是没关系，多练习就行了。

经过视觉和听觉的刺激后，我们再来闻一下他的味道，想象自己凑过鼻子去闻，你闻到了什么味道？胶的味道？冰激凌味？烤鸡味？水果味？辣椒味？尽情想象吧！

再接下来，我们再来感受一下它的触觉，想象用手握紧笔，再用力，能感觉到它很硬吗？再用力，“啪”一声，笔被你捏碎了，再把笔慢慢捏成粉，像面粉一样，软软的，暖暖的，流过指间！

这是一次奇妙的内视之旅，可能刚开始有些不太适应，但是没关系，一定要坚持训练，随便什么物品都可以拿来训练，如杯子、书本、苹果、面包、书本、电脑等，通过颜色、大小、听觉、触觉等进行训练，很快你将会发现，自己的内视能力越来越棒，不光对记忆力大有裨益，而且写文章时想象力会越来越丰富！

第六节　配对联想训练

配对联想不光能有效地拓展思维的宽度、广度，还能有效地训练思维技巧。配对联想是记忆法中的一把利刀，要想记得快，配对联想这把利刀一定要磨得锋利！生活中的鸳鸯不能乱点，我们这里却是‘乱点鸳鸯都靠谱’！喜欢哪个就去点吧！

生活中有些食物是不能同时吃的，吃了就会中毒，严重的可能会危及生命，今天我们就用配对联想把它们牢牢的记住。

鸡肉 VS 菊花　一只公鸡在跳起来吃花盆里的菊花，吃了马上就死了

鹅肉 VS 柿子　一只大肥鹅正在美滋滋的吃一个像西瓜大的黄柿子，然后一吐，就死了

狗肉 VS 黄鳝　一只小狗和一条大黄鳝在拼命打架，两个都死了

此三组吃了后果会比较严重，下五组可能会导致中毒，自己来发挥想象力吧！

芹菜 VS 甲鱼

鲤鱼 VS 南瓜

羊肉 VS 竹笋

韭菜 VS 牛肉

红糖 VS 皮蛋

记住了吗？记住了就去告诉你的亲朋好友吧！

小试牛刀：

飞机 VS 大海　电脑 VS 泉水　　书本 VS 猫　手机 VS 大象　皮鞋 VS 皇帝

看上去这样想象很麻烦，其实不麻烦，这些在大脑里处理只是一瞬间的事情，只是我们表达出来比较麻烦而已。任何东西都可以通过配对联想链接起来，并且链接的方法无穷无尽，配对联想是记忆法里面最基础又是最重要的基本功训练！

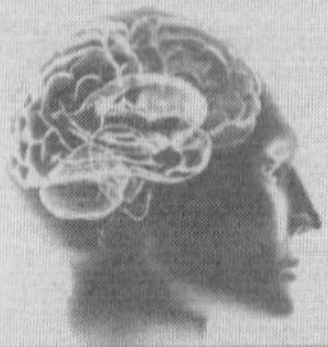

第三章 记忆的基本方法

第一节　定桩法——记忆宫殿

定桩法是指预先在脑海中找到很多有固定顺序的桩，然后把所需要记忆的每个信息与相应的桩联系起来，从而记忆大量信息的方法。

特点：①熟悉；②有序。

常见定桩法有身体定桩法、人物定桩法、标题定桩法、数字定桩法、地点定桩法。

1. 身体定桩法

我以前每次讲座时都会调查一个问题：请问你记得十二星座吗？在脑海中回忆一下。

调查结果几乎没有人能够全部一口气说出来。十二星座明明是我们熟悉的东西，为什么说不出来呢？其实这就说明我们记忆东西时没有运用记忆法，而是死记硬背，信息单元之间没有任何相连，回忆时没有线索，所以记得很乱而且容易忘。

（1）运用身体定桩法记忆十二星座

首先，在自己身体上从上到下找12个部位，分别是：头、眼睛、鼻子、脖子、肩膀、胸膛、肚子、大腿、膝盖、小腿、脚。然后分别对应每个星座。最后，一一进行联想、想象。

头发很白，想到白羊座；

眼睛闪闪发光，想到金牛座；

鼻子有两个孔，想到双子座；

嘴巴吃了一只巨大的螃蟹，想到巨蟹座；

脖子：狮子捕猎先咬脖子，由此想到狮子座；

肩膀：有个处女在给我按肩膀，想到了处女座；

胸膛：我的胸很平，想到天秤座；

肚子很痒，想到有一只天上掉下的蝎子在我肚子上爬，想到天蝎座；

大腿上插着一只箭，想到射手座；

膝盖：摩羯谐音“魔戒”，膝盖被套的很紧，想到摩羯座；

小腿像水瓶，想到水瓶座；

脚像两条鱼，想到双鱼座。

所以，①头——白羊座

②眼睛——金牛座

③鼻子——双子座

④嘴巴——巨蟹座

⑤脖子——狮子座

⑥肩膀——处女座

⑦胸膛——天秤座

⑧肚子——天蝎座

⑨大腿——射手座

⑩膝盖——摩羯座

⑪ 小腿——水瓶座

⑫ 脚——双鱼座

你记住了吗？能正背、倒背、抽背、点背了吗？

（2）记忆古诗文《满江红》

怒发冲冠，凭栏处，潇潇雨歇。

抬望眼，仰天长啸，壮怀激烈。

三十功名尘与土，八千里路云和月。

莫等闲，白了少年头，空悲切！

靖康耻，犹未雪；

臣子恨，何时灭？

驾长车，踏破贺兰山缺！

壮志饥餐胡虏肉，笑谈渴饮匈奴血。

待从头、收拾旧山河，朝天阙！

译文：

我怒发冲冠，独自登高凭栏，阵阵风雨刚刚停歇。

我抬头远望天空一片高远壮阔，禁不住仰天长啸，一片报国之心充满心怀。三十多年的功名如同尘土，八千里经过多少风云人生。

好男儿，要抓紧时间为国建功立业，不要空空将青春消磨，等年老时徒自悲切。

靖康年间的奇耻大辱，至今也还没有一雪。

我作为国家臣子的愤恨，何时才能泯灭啊！我要驾上战车，踏破贺兰山口。

我满怀壮志，发誓吃敌人的肉，喝敌人的鲜血。

待我重新收复旧日山河，再带着捷报向国家报告胜利的消息。

记忆：

头发：头发竖起来了，就想起了“怒发冲冠”；

眼睛：眼睛想起“抬望眼”；

鼻子：鼻子上面全是灰尘，想起了“三十功名尘与土”；

嘴：嘴巴在哭泣，想起了“空悲切”；

脖子：郭靖的脖子很粗，想起来“靖康耻”；

肩膀：臣子在按摩肩膀，想起来“臣子恨”；

胸：胸很平，可以驾马车，想起了“驾长车”；

肚子：肚子饿了想吃肉，想起了“壮志饥餐胡虏肉”；

腿：腿往回走，想起了“待从头、收拾旧山河”；

脚：脚一滑，四脚朝天，想起了“朝天阙”。

（3）用身体定桩法记忆下面 10 个内容：

面条　墨水　山坡　鲜花　灯管　地图　草原　竹子　水桶　花生

首先找桩：

1 头发　2 眼睛　3 鼻子　4 嘴巴　5 脖子　6 前胸　7 后背　8 手　9 腿　10 脚

然后联想：

头发——面条：头发丝像面条

眼睛——墨水：眼泪水像墨水或者眼球黑的像墨水染过一样

鼻子——山坡：想象鼻子的形状像山坡

嘴巴——鲜花：嘴巴里面插一朵鲜花

脖子——灯管：脖子细的像灯管一样

前胸——地图：前胸上画了一张中国地图

后背——草原：后背上长满了草像草原一样

手———竹子：手指一节节像竹子

腿———水桶：一个人的大腿像水桶

记住了吗？是不是感觉很轻松？而且很难忘掉。

2. 人物定桩法

（1）记忆“八荣八耻”

①以热爱祖国为荣　以危害祖国为耻

②以服务人民为荣　以背离人民为耻

③以崇尚科学为荣　以愚昧无知为耻

④以辛勤劳动为荣　以好逸恶劳为耻

⑤以团结互助为荣　以损人利己为耻

⑥以诚实守信为荣　以见利忘义为耻

⑦以遵纪守法为荣　以违法乱纪为耻

⑧以艰苦奋斗为荣　以骄奢淫逸为耻

首先，选用8个有顺序的人物：爷爷、奶奶、爸爸、妈妈、哥哥、姐姐、弟弟、妹妹；

其次，选定对应的8个有顺序的人物：外公、外婆、叔叔、阿姨、表哥、表姐、表弟、表妹；

最后，一一对应进行联想：

爷爷是个老红军，所以热爱祖国；外公是个反动派，所以危害祖国。

奶奶是个服务员，所以服务人民；外婆是个汉奸，所以背离人民。

爸爸是科学家，所以崇尚科学；叔叔是个道士，所以愚昧无知。

妈妈是个农民，所以辛勤劳动；阿姨很懒，是个好逸恶劳的人。

哥哥当选班长，因为团结互助；表哥很坏，经常损人利己。

姐姐拾金不昧，所以她诚实守信；表姐眼里只有钱，经常见利忘义。

弟弟受到表扬，因为他遵纪守法；表弟经很调皮，经常违法乱纪。

妹妹天天干活，她说要艰苦奋斗；表妹很骄傲很奢侈，经常骄奢淫逸。

（2）记忆《弟子规》部分篇章——亲仁

同是人　类不齐　流俗众　仁者稀

果仁者　人多畏　言不讳　色不媚

能亲仁　无限好　德日进　过日少

不亲仁　无限害　小人进　百事坏

第一步，找固定人物：唐僧、悟空、八戒、沙僧共4个

第二步，联想记忆：

①同是人，类不齐，流俗众，仁者稀（唐僧）

译文：同样都是人，类别却不一定整齐，就一般说，跟着潮流走的俗人占了大部分，而有仁德的人却显得稀少。

记忆：想象唐僧同样是人，但是收的徒弟种类很不齐，大部分是跟着潮流的俗人，很少人是仁者。

②果仁者，人多畏，言不讳，色不媚（悟空）

译文：对于一位真正的仁者，大家自然敬畏他，仁者说话不会故意隐讳扭曲事实，脸色态度也不会故意向人谄媚求好。

记忆：想象孙悟空果然是个仁者，虽然很多人都敬畏他，但他说话不会故意隐讳扭曲事实，也不向人谄媚求好。

③能亲仁，无限好，德日进，过日少（八戒）

译文：能够亲近仁者，向他学习就会得到无限的好处，自己的品德自然进步，过错也跟着减少。

记忆：想象猪八戒能够亲近仁者，跟他学习的人得到了无限好处，品德逐日变得更好，犯错也逐日减少。

④不亲仁，无限害，小人进，百事坏（沙僧）

译文：如果不肯亲近仁者，无形中就会产生许多害处，小人会乘虚而入，围绕身旁，事情就会弄得一败涂地。

记忆：想象沙僧不亲近仁者，无形中受到了很多害处，小人也乘虚而入，周围的事情弄的一塌糊涂。

（3）记忆《弟子规》部分篇章

人问谁　对以名　吴与我　不分明

用人物　须明求　倘不问　即为偷

借人物　及时还　后有急　借不难

第一步，找固定人物：语文老师、数学老师、自己共3个；

第二步，联想记忆：

①人问谁，对以名，吾与我，不分明（语文老师）

译文：假使有人请问："你是谁"，回答时要说出自己的名字，如果只说"吾"或是"我"，对方就听不清楚到底是谁。

记忆：语文老师问你是谁，你要把名字告诉他，因为孙悟空与我是不分明的。

②用人物，须明求，倘不问，即为偷（数学老师）

译文：我们要使用别人的物品，必须事前对人讲清楚，如果没有得到允许就拿来用，那就相当于偷窃的行为。

记忆：用数学老师的物品，需要明确要求，倘不问，那就是偷窃的行为。

③借人物，及时还，后有急，借不难（自己）

译文：借用他人的物品用完了要立刻归还，以后遇到急用再向人借时，就不会有太多的困难。

记忆：自己借别人的物品，要及时还，以后有急用，再借就不难了。

3. 标题定桩法

标题定桩法就是把标题的每一个字与要记忆的内容进行联想，从而可以根据标题来回忆整个内容的方法。

（1）记忆《闻官军收河南河北》

剑外忽传收蓟北，初闻涕泪满衣裳。

却看妻子愁何在，漫卷诗书喜欲狂。

白日放歌须纵酒，青春作伴好还乡。

即从巴峡穿巫峡，便下襄阳向洛阳。

译文：

剑门关以南的四川，忽然传来收复蓟北的消息，初听到这个消息让我非常惊喜，眼泪沾湿了衣裳。

回过头来再看妻子和儿女，平日的忧愁已不知跑到何处去了。我胡乱地卷起诗书高兴得几乎要发狂。

白天里我要放声歌唱，纵情畅饮；美好的春景正好伴着我返回故乡。

我们要立即动身，从巴峡乘船，穿过巫峡，顺流直下到达湖北襄阳，再从襄阳北上，直奔洛阳。

记忆法：

“闻”：闻就是听说，我听说剑门关外忽然传来了收复河北的消息。

“官”：一个当官的人听说后泪流满面，连衣服都打湿了。

“军”：一个军人回来看到妻子愁眉苦脸，问她为什么要忧愁？

“收”：一个人把一卷诗书给收起来，然后高兴的快要疯了。

“河”：河想到黄河，一个人大白天的在黄河放歌饮酒。

“南”：南方有很多打工青年一起作伴回故乡。

“河”：河想到长江，长江上有很多人从巴峡穿过到了巫峡。

“北”：北方有很多人从襄阳下来奔向洛阳。

通过上述联想，只要记住该诗的标题就可以记住整首诗，不至于考试时只知道上句不知道下句或者相反。

（2）记忆秦朝加强巩固统一的措施

经济：统一度量衡、货币和车轨；修建驰道，开通灵渠

文化：统一文字

军事：修筑抵御匈奴的长城，并大规模移民

法律：颁发全国通行的秦律

标题重心：巩固统一

记忆：

①“巩 ”想到 “公”，公公骑着马车在大街上边跑边度量，车上的很多钱掉了下来都不知道，车轮留下了两道深深的车轨，马车快速跑出了城池，跑过的荒野里马上就出现了一条驰道，再跑就掉进了灵渠里了！

②“固”就是固定，想象那些古人正在把一个一个大大的方块字固定在石板上。

③“统”想到“通”或“捅”，想象贯通东西的长城突然从天而降，一边的匈奴和一边的大量的农民都被吓得往回跑！

④“一”就是一律，全国人民一律给他们发一本厚厚的秦律！

回想一下就可以把它们记得很牢固了，对不对？这种方法无论语文、地理、历史、政治、生物的知识点，都可以用的，大胆去发挥你的想象力吧！

4. 数字定桩法

（1）记忆 36 计（数字编码可以同时有几个）

瞒天过海　围魏救赵　借刀杀人　以逸待劳　趁火打劫　声东击西

无中生有　暗渡陈仓　隔岸观火　笑里藏刀　李代桃僵　顺手牵羊

打草惊蛇　借尸还魂　调虎离山　欲擒故纵　抛砖引玉　擒贼擒王

釜底抽薪　混水摸鱼　金蝉脱壳　关门捉贼　远交近攻　假道伐虢

偷梁换柱　指桑骂槐　假痴不颠　上屋抽梯　虚张声势　反客为主

美人计　空城计　反间计　苦肉计　连环计　走为上计

36 位记忆数字编码

（1—36）

1	2	3	4	5	6	7	8	9	10
蜡烛	鹅	耳朵	帆船	秤钩	汤勺	镰刀	眼镜	口哨	棒球
11	12	13	14	15	16	17	18	19	20
梯子	椅儿	医生	钥匙	鹦鹉	石榴	仪器	腰包	衣钩	香烟
21	22	23	24	25	26	27	28	29	30
鳄鱼	双胞胎	和尚	闹钟	二胡	河流	耳机	恶霸	饿囚	三轮车
31	32	33	34	35	36				
鲨鱼	扇儿	星星	三丝	山虎	山鹿				

记忆：

①点着蜡烛在黑夜瞒着天过了大海

②鸭子围着魏国救出赵国

③我从孙悟空的耳朵里借出一把刀杀死了坏人

④中国海军坐在帆船上很安逸，轻松打败了疲劳的敌人

⑤珠宝店起火，小明拿着钩子钩珠宝，趁火打劫

⑥小偷大声说自己要从东门进入，然后又拿着勺子击碎了西门

⑦小偷家今年没收成，然后他拿镰刀去割别人的庄稼，最后从无到有

⑧我戴着眼镜从黑暗中渡过了陈仓

⑨我站在这边隔岸看到对面起火，然后吹口哨报警

⑩棒球哈哈大笑，嘴巴飞出一把小刀

请运用数字定桩法记忆剩余 26 计。

注意：在运用数字定桩法时每个数字可以对应不同的编码。

（2）记忆中华十大名山

1. 山东泰山 2. 安徽黄山 3. 四川峨眉山 4. 江西庐山 5. 西藏珠穆朗玛峰

6. 吉林长白山 7. 陕西华山 8. 福建武夷山 9. 台湾玉山 10. 山西五台山

先介绍前 10 个数字的编码。（数字编码可以同时有几个，根据需要来定）

01→树	02→铃儿	03→凳子	04→汽车	05→手套
06→手枪	07→锄头	08→溜冰鞋	09→猫	10→棒球

我们把 1–10 的数字编码与 10 个景点名称进行一下联想，具体如下：

“01→树”与“泰山”：

想象好大一棵树长在泰山上面。

“02→铃儿”与“黄山”：

可假想铃儿是金黄色的，所以想到黄山。

“03→板凳”与“峨眉山”：

想象凳子上坐着一个人，额头很高，眉毛很长，因为他来自峨眉山。

“04→汽车”与“庐山”：

汽车上有很多葫芦，运到了庐山。

“05→手套”与“珠穆朗玛峰”：

想象我拿着拳击手套，一拳打到了珠穆朗玛峰。

“06→手枪”与“长白山”：

我想象长白山很多东北土匪拿着手枪占山为王。

“07→锄头”与“华山”：

想象我拿着锄头在中华的华山挖金子。

“08→溜冰鞋”与“武夷山”：

想象好多武林高手在武夷山溜冰。

“09→猫”与“玉山”：

想象很多猫在玉山偷玉石。

“10→棒球”与“五台山”：

想象我在五台山拿着五个棒球，然后在五台山打棒球。

回忆一下能想起这十大名山吗？由“01”想到好大一棵大树在泰山，由“02”想到金黄色的山——黄山……由“10”在五台山打棒球，十大名山通过10个数字的编码就联想起来了，这就是数字编码联想法。

（3）记忆孙中山颁布《中华民国临时约法》的主要内容

中华民国主权属于全体国民，国内各民族一律平等，国民有言论、结社、集会、著作的自由，参议院行使立法权、有弹劾总统的权利。

为了节省篇幅，我们用数字的编码直接与上述划线部分的关键词进行联想，并且也不再重复列出每个数字的编码了。

11–20的数字编码如下：

11→梯子　12→婴儿　13→医生　14→钥匙　15→鹦鹉

16→石榴　17→仪器　18→腰包　19→药酒　20→香烟（一包烟20根）

联想：

“11”与“主权”：梯子上写着主权两个大字。

“12”与“全体国民”：现在拐卖婴儿受到了全体国民的关注。

“13”与“各民族一律平等”：在医生眼里，各民族一律平等。

“14”与“言论”：拿一把很大的钥匙在哑巴嘴里一转，哑巴会说话了，从此有了言论自由。

“15”与“结社”：我看到很多鹦鹉，原来它们在结社。

“16”与“集会”：集会的时候我吃了很多石榴。

“17”与“著作自由”：每一个发明新仪器的人都可以写著作，所以他们都有著作自由。

“18”与“参议院”：参议院的每个人都拿着腰包。

“19”与“立法权”：临时约法还规定“药酒”法的立法权也交由参议院制订

“20”与“弹劾总统”：很多抽烟的人在弹劾总统。

（4）记忆中国百家姓复姓中的10个

司马、诸葛、东方、皇甫、上官、公孙、百里、东郭、西门、羊舌

我们用21—30的数字编码与之联想

21—30的数字编码：

21→鳄 鱼　22→双胞胎　23→和尚　24→闹钟　25→二胡

26→二流子　27→耳机　28→恶霸　29→饿囚　30→三轮车

联想：

“21”与“司马”：鳄鱼咬伤了司马官。

“22”与“诸葛”：双胞胎是诸葛亮的。

“23”与“东方”：和尚打败了东方不败

“24”与“皇甫”：我把闹钟送给了皇甫先生。

“25”与“上官”：拉二胡的那个人最后当上大官（上官）。

“26”与“公孙”：公孙策的孙子都是二流子，我不信。

“27”与“百里”：耳机声音很大，一百里外还能听见。

“28”与“东郭”：恶霸们爱欺负南郭先生的兄弟东郭先生。

“29”与“西门”：一群饥饿的囚犯（饿囚）死在了西门庆手中。

“30”与“羊舌”：我的三轮车里全是羊舌。

经过数字定桩法联想后，简化了记忆环节，从而加大了一次记忆的容量。

（5）记忆世界10大著名运河的名字及其所属国家（按运河从长到短的顺序排列）

京杭运河—中国　伊利运河—美国　苏伊士运河—埃及

阿尔贝特运河—比利时　莫斯科运河—俄罗斯　伏尔加河—顿河运河—俄

罗斯

基尔运河—德国　约塔运河—瑞典　曼彻斯特运河—英国

31—40 的数字编码如下：

31→鲨鱼　32→珊儿　33→星星　34→三丝　35→山虎

36→山路　37→山鸡　38→妇女　39→山丘　40→司令

联想：

"31"与"京杭运河—中国"：

想象鲨鱼从大海来到京杭大运河，最后在中国定居

"32"与"伊利运河—美国"：

珊儿喝了伊利牛奶后，整天拉肚子，经过伊利大运河来到美国治疗。

"33"与"苏伊士运河—埃及"：

在一个漫天星星的夜晚，苏女士（苏伊士）哀伤极（埃及）了。

"34"与"阿尔贝特运河—比利时"：

苏女士的二儿子特（阿尔贝特）用很大的三条丝巾击中鼻子，鼻子伤的特别厉害，顿时（比利时）鲜血直流，把扇子都染红了。

"35"与"莫斯科运河—俄罗斯"：

山虎太无聊，来到了莫斯科大运河，它居然才发现自己到达了俄罗斯。

"36"与"伏尔加河—顿河运河—俄罗斯"：

出院当天，走在回家的山路上，苏女士对儿子说："回家妈给你拿伏尔加喝，再炖盒（顿河）肉下酒，我儿饿喽，是（俄罗斯）吗？"

"37"与"基尔运河—德国"：

回家后，邻居告诉一个神奇的秘方，能扶正鼻子，就是把山鸡的鸡耳（基尔）血滴在鼻上，这得过（德国）权威人士的肯定。

"38"与"约塔运河—瑞典"：

"三八妇女节"那天，很多妇女约会去宝塔下的运河，因为那里是浪漫的

瑞典。

“39”与“马拿马运可—马拿马”：

山丘上有一匹马拉着一匹马，它们在修马拿马运河。

“40”与“曼彻斯特运河—英国”：

司令闻听后，前来劝解，他从司令那慢且特斯文（曼彻斯特）的话语中明白了，人不论美丑都应过（英国）同样的生活。

（6）按顺序记忆下列词语

资本家、购买劳动力、资本、工人购买生活资料、消费、生产中被使用、劳动力价值、剩余价值、价值增值、可变资本

41—50 的数字编码：

41→神医　42→柿儿　43→石山　44→蛇　45→师傅

46→饲料　47→司机　48→丝瓜　49→死狗　50→武功

联想：

“41”与“资本家”：

神医爱到资本家那行医看病，因为小费给的多呀！

“42”与“购买劳动力”：

柿子饼生产厂大量购买劳动力来生产柿子饼。

“43”与“资本”：

我把石山卖了，作为自己创业的资本。

“44”与“工人购买生活资料”：

我把很多蛇卖了，这样就足够工人购买几年的生活资料了。

“45”与“消费”：

由于师傅的失误造成徒弟生产了很多残次品，卖不出去得师傅自己消费（赔偿）。

“46”与“生产中被使用”：

饲料在生产中被使用特别处理后，可以保质十年不会坏。

“47”与“劳动力价值”：

工厂里，司机不用劳动，省力，但架子（劳动力价值）似乎很大。

“48”与“剩余价值”：

资本家把丝瓜当药材卖，剩余价值是原来的十倍。

“49”与“价值增值”：

资本家把死狗做成狗肉罐头卖，死狗价值会增值很多。

“50”与“可变资本”：

过去有些武林中人热衷于武功，是因为武艺可变成“资本”（可变资本），可以混碗饭吃。

上面的联想完成后，把它们串起来就是政治经济中“可变资本”的名词解释的答案关键词，其全文如下：资本家用来购买劳动力的那部分资本，其价值随着工人购买生活资料用于消费而消失了，但劳动力在生产中被使用，不仅创造出劳动力价值，而且创造出剩余价值，实现了价值增值，叫作可变资本。

需要说明的是，用这种方法记忆名词解释等题，也仅是能把关键词句记下来，不能把每个字都记住，尽管如此，还是能很有效地帮助记忆，不要忘记你还有机械记忆的本能呢。只要你对这道题有印象，认真学了，那考场上你们就可以按这个线索顺藤摸瓜，使答案趋于完美。

（7）记忆《弟子规》部分篇章

凡出言 信为先 诈与妄 奚可焉

话说多 不如少 惟其是 勿佞巧

奸巧语 秽污词 市井气 切戒之

见未真 勿轻言 知未的 勿轻传

事非宜 勿轻诺 苟轻诺 进退错

凡道字 重且舒 勿急疾 勿模糊

彼说长 此说短 不关己 莫闲管

第一步，找数字桩：1 ~ 7 的数字编码分别是蜡烛、鹅、耳朵、帆船、称钩、勺子、镰刀共 7 个

第二步，联想记忆：

①凡出言，信为先，诈与妄，奚可焉（蜡烛）

译文：凡是开口说话，首先要讲究信用，欺诈不实的言语，在社会上可以永远行得通吗?

记忆：想象一个人晚上点着蜡烛，在和别人谈话，谈话的主题是信用。他认为一个欺诈的言语在社会上行不通。

②话说多，不如少，惟其是，勿佞巧（鸭子）

译文：话说得多不如说的少，凡事实实在在，不要讲些不合实际的花言巧语。

记忆：鸭子很少说话，因为它觉得话多不如话少，要实实在在，不要讲不合实际的花言巧语。

③奸巧语，秽污词，市井气，切戒之（耳朵）

译文：奸邪巧辩的言语，脏、不雅的词句及无赖之徒低俗的口气，都要切实戒除掉。

记忆：我的耳朵听到了奸邪巧辩的言语，脏、不雅的词句及无赖之徒低俗的口气，就会觉得很不舒服，所以想戒掉。

④见未真，勿轻言，知未的，勿轻传（帆船）

译文：还未看到事情的真相，不轻易发表意见，对于事情了解得不够清楚，不轻易传播出去。

记忆：我在帆船上没有看到事情的真相，所以不敢轻易发表意见，也不敢

随便传播出去。

⑤事非宜，勿轻诺，苟轻诺，进退错（称钩）

译文：觉得事情不恰当，不要轻易答应，如果轻易答应就会使自己进退两难。

记忆：我的秤钩不合格，觉得用来称东西也很不恰当，所以不敢轻易答应，否则会让自己进退两难。

⑥凡道字，重且舒，勿急疾，勿模糊（勺子）

译文：谈吐说话要稳重而且舒畅，不要说得太快太急，或者说得字句模糊不清，让人听得不清楚或会错意。

记忆：我拿着勺子喝汤，一边喝汤一边说话，但是我说话稳重而且舒畅，我觉得不能太快太急，或者字句模糊不清。

⑦彼说长，此说短，不关已，莫闲管（镰刀）

译文：遇到别人谈论他人的是非好坏时，如果与己无关就不要多管闲事。

记忆：我拿着镰刀在割草，听见别人在谈论是非好坏，但是我没有参与，因为我觉得如果与己无关就不要多管闲事。

5. 地点定桩法——记忆宫殿

地点定桩法是指预先在实际空间里中找到固定的点，这些点是有一定顺序的，然后把所需要记忆的信息与相应的点进行联想，最后再通过这些点原有的顺序一一回忆点上所记忆的信息。

地点桩法通常包括：记忆宫殿（The memory palace）；思维殿堂（The mind palace)；罗马房间（The Roman room）。

找桩步骤及原则

①选择一条清晰明亮、物品各异的路径，一般是一条路或者一个房间。

②正常的视野确定的观察角度，跟自己的阅读观察习惯相吻合。

③明确的顺序。路径上的各个点在空间位置上应该是绝对明确的，比如可以确定顺序从 A 到 B 再到 C……给地点编号，每组 30 个地点。

④大小距离适中 。墙上的一个污点太小，一栋楼又太大。建议找从手机到门大小的地点，距离 1 到 2 米最为合适，0.5 米到 9 米都是可以的。

⑤有显著的特征。你应该尽可能选择有趣的、有显著特征的位置或者对象作为路径上的点。比如桌面上的一个气球比桌面上的一张纸更引人注目，特征更显著，尽量不要选平面。

⑥足够的区分度。不能在同一组地点桩上出现相似的两个地点，不同组的地点桩上可以有相似的地点，但要加以区别。 的，能明显区分开来。

⑦回想自然流畅，时间短。这里的时间指的是你在想象中从路径上的一个点到下一个点所需要的时间，经过熟悉后最好少于半秒钟。

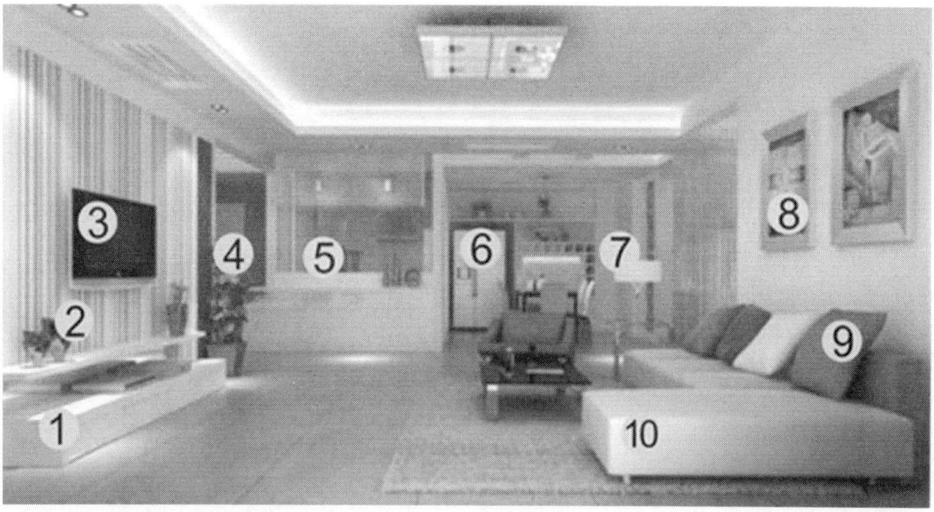

（1）记忆下面 40 个数字

地点定桩法

蜈蚣	和尚	锄头	白蚁	螺丝	手枪	恶霸	牛儿	溜冰鞋	舅舅
59	23	07	81	64	06	28	62	08	99
八路	恶霸	凳子	石板	二胡	三丝	鳄鱼	仪器	手枪	气球
86	28	03	48	25	34	21	17	06	79

第一步：按照一定的顺序找到点。

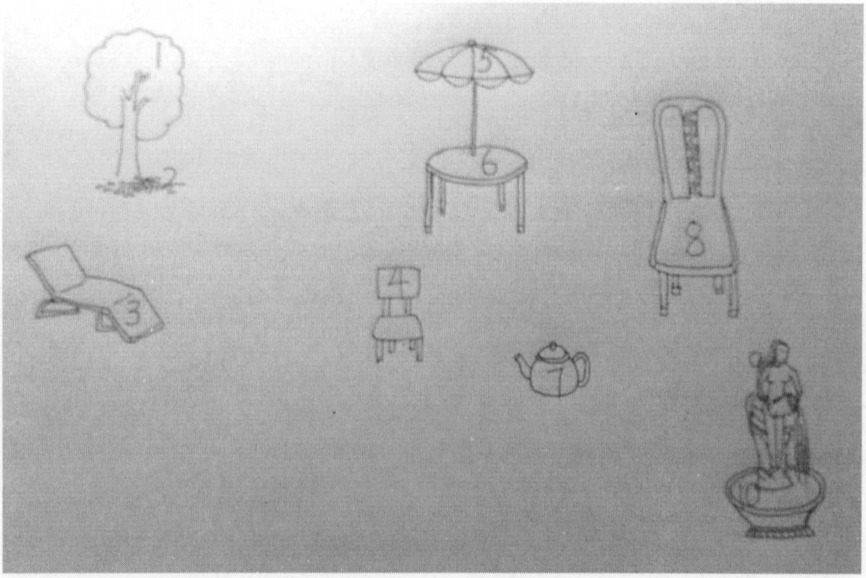

第二步：把所需要记忆的信息与相应的点进行联想。

①树顶——树顶上有只蜈蚣（59）在咬和尚（23）

②树下面——我用锄头（07）在树下面挖出好多白蚂蚁（81）

③躺椅——躺椅上有好多螺丝钉（64）钉住了手枪（06）

④大椅子——大椅子上有个恶霸（28）在斗牛儿（62）

⑤伞架——伞架上有好多溜冰鞋（08）在砸舅舅（99）

⑥桌子——桌子上有个八路 (86) 在抓恶霸 (28)

⑦大茶壶——大茶壶上有只凳子 (03) 在砸石板 (48)

⑧沙发——沙发上有个二胡 (25) 在拉三丝 (34)

⑨花盆上面——花盆上有只鳄鱼 (21) 在咬仪器 (17)

⑩水池——水池里有只手枪 (06) 在打破了气球 (79)

第三步：通过这些点来回忆相应的信息。

回忆步骤：首先，你先按顺序回忆预先设定的地点桩，然后一一回忆桩上所记忆的编码，最后再对编码进行还原。

（2）利用上面的地点桩记忆《弟子规》

定位系统（室外 1）：树冠、草地、躺椅、小椅子、太阳伞、桌子、茶壶、大椅子、雕像、水池共 10 个

记忆内容：9 ~ 10 页（总序 ~ 入则孝 1）

①弟子规，圣人训，守孝悌，次谨信（树冠）

译文：弟子规，是圣人的教诲。首先要孝敬父母、友爱兄弟姊妹，其次要谨言慎行、讲求信用。

记忆：树冠上有人在讲弟子规，他说那是孔圣人的教诲：第一，我们要孝敬父母、友爱兄弟姊妹，其次要谨言慎行、讲求信用。

②泛爱众，而亲仁，有余力，则学文（草地）

译文：博爱大众，亲近有仁德的人。有多余的时间和精力，学习有益的学问。

记忆：想象草地上有个博爱有仁德的人，他在利用空余时间学习有益的学问。

③父母呼，应勿缓，父母命，行勿懒（躺椅）

译文：父母呼唤，应及时应答，不要拖延迟缓；父母交代的事情，要立刻动身去做，不可拖延或推辞偷懒；

记忆：想象躺椅上有父母呼唤我，然后我及时应答，没有拖延迟缓。父母交代我做事，然后我立刻动身去做，没有拖延。

④父母教，须静听，父母责，须顺承（小椅子）

译文：父母的教诲，应该恭敬地聆听；做错了事，受到父母的教育和责备时，应当虚心接受，不可强词夺理；

记忆：想象父母坐在小椅子上教导我，我在静静听讲，父母责怪我，我在虚心接受。

⑤冬则温，夏则清，晨则省，昏则定（太阳伞）

译文：冬天寒冷时提前为父母温暖被窝，夏天酷热时提前帮父母把床铺扇凉；早晨起床后，先探望父母，向父母请安；晚上伺候父母就寝后，才能入睡；

记忆：想象冬天很冷，我在太阳伞下给父母弄了一床温暖的被窝。想象夏天酷热，我在太阳伞下给父母扇凉。想象早晨，我在探望父母，晚上我伺候父母就寝。

⑥出必告，返必面，居有常，业无变（桌子）

译文：出门时告诉父母去向，返家后，面告父母报平安；起居作息，要有规律；做事有常规，不要任意改变，以免父母忧虑；

记忆：想象父母在桌子旁，然后我告诉他出门的去向。回家后，我给父母报平安，告诉父母我做事有规律；有常规，不任意改变，以免父母忧虑。

⑦事虽小，勿擅为，苟擅为，子道亏（茶壶）

译文：事情虽小，也不要擅自作主和行动；擅自行动造成错误，让父母担忧，有失做子女的本分；

记忆：我拿着茶壶给父母倒茶，虽然事情很小，但也不擅自作主和行动；擅自行动造成错误，会让父母担忧，有失做子女的本分；

⑧物虽小，勿私藏，苟私藏，亲心伤（大椅子）

译文：公物虽小，也不要私自占为己有；如果私藏公物，缺失品德，就会让父母伤心；

记忆：我看到大椅子上有很多公物，虽小，但也不私自占为已有；如果私藏公物，缺失品德，就会让父母伤心；

⑨亲所好，力为具，亲所恶，谨为去（雕像）

译文：父母亲所喜好的东西，应该尽力去准备，父母所厌恶的事物，要小心谨慎的去除（包含自己的坏习惯）。

记忆：亲人站在雕像上，大力水手为他做家具，亲人厌恶，就为他砍去。

⑩身有伤，贻亲忧，德有伤，贻亲羞（水池）

译文：要爱护自己的身体，不要使身体轻易受到伤害，让父母亲忧虑。（曾子曰："身体发肤受之父母，不敢毁伤"）。要注重自己的品德修养，不可以做出伤风败德的事，使父母亲蒙受耻辱。

记忆：我掉进水池身上有伤，小姨就很忧愁，朱德有伤，小姨就很害羞。

第二节　连锁串联法

1. 串联法的定义

连锁串联法是指把零散的信息单元运用一定的技巧使连续两个信息单元之间相连，从而由第一个想到第二个，第二个想到第三个，依此类推，最后记忆一连串的信息的方法。

就好比是链条其实是由很多环构成的，但是我们一次性不可能拿走 200 个散开孤立的环。所以我们把它们两两相连，变成一个链条，然后就一次性全拿走了。这其实和记忆法的原理是一样的。我们记忆各种信息时，其实就是把所有需要记忆的信息变成一个链条，这样就一次性记住了。比如说，我们记忆文章或者记忆购物清单等，往往就是想起这个却想不起那个，整个脑海都很乱。只要我们利用连锁串联法的原理就可以解决这些问题，但假如你要记忆复杂的信息时，必须要有一定的串联法运用能力，不是说学点皮毛就能神通广大，任何技能都要掌握得很熟练才能真正发挥它的威力。

接下来有一组词语：

篮球、飞机、墨水、阿姨、 美国

蔬菜、小刀、美人、烧烤、电影院

小鸟、联合国、猪八戒、卫星、大海

兴奋、可口可乐、北京、奥运会、跳舞

飞扬、乞丐、火星、 汽车、外星人

大笑、诚实、培训、冠军

你能在 1 分钟内记忆上面的词语吗?

其实，对于上面的词语就可以利用串联法来记忆。

串联法记忆：我今天去打篮球，结果篮球砸到了飞机，飞机抖出了很多墨水，墨水泼在阿姨身上，阿姨吓得去美国，她在美国买了很多蔬菜，蔬菜买回来用小刀切，切完以后送给美人，美人要去买烧烤，买完烧烤后带进电影院，电影院有很多小鸟，小鸟飞到了联合国，联合国大厦飞出一个猪八戒，猪八戒喜欢发射卫星，卫星发射失败掉到了大海，溅起了万丈浪花，说明大海很兴奋，兴奋不能过度，所以喝点镇静剂——可口可乐，可口可乐从北京运过来，北京在举办奥运会，奥运会广场上有很多人在跳舞，跳舞的人飞扬起来，吓走了看台上的乞丐，乞丐吓得跑到火星，火星上面有很多汽车，汽车里坐着外星人，外星人在哈哈大笑，他笑别人不诚实，不诚实就要进行思想教育——培训，培训完了居然拿了个冠军。

你记住了吗?

2. 串联法运用特点

第一，故事相连

比如上面的例子就是篮球打到飞机，飞机泼出墨水，墨水泼到阿姨身上，一定要有故事相连。

第二，要有图像和画面

比如上面的篮球、飞机、 墨水、 阿姨、 美国、蔬菜、 小刀、 美人、 烧烤、 电影院等等每一个都要有图像，而且图像之间还要有一个整体的画面。如果说你没有图像，很难回忆起来。

（1）记忆圆周率前60位

14钥匙　15鹦鹉　92球儿　65尿壶　35山虎　89芭蕉

79气球　32扇儿　38妇女　46饲料　26河流　43石山

38妇女　32扇儿　79气球

50武林　28恶霸　84巴士　19衣钩　71鸡翼　69八卦

39山丘　93旧伞　75西服　10棒球　58尾巴　20香烟

97旧旗　49湿狗　44蛇

记忆：

①钥匙砸到鹦鹉，鹦鹉去啄球儿，球儿弹到了尿壶，尿壶把尿泼在山虎身上，山虎去抓芭蕉，芭蕉树上有气球，气球上吊着扇子，扇子给妇女扇风，妇女在背饲料，饲料掉进了河里，河里有座石山，山上坐着妇女，妇女在扇风，扇子扇破了气球。

②武林高手在追恶霸，恶霸跑到了巴士车上，巴士上挂满了衣钩，衣钩勾住了鸡翅，鸡翼飞到了八卦山丘上，八卦山丘上有好大一把旧伞，打伞的人穿着西服打棒球，棒球打到了松鼠的尾巴，尾巴上卷着香烟，香烟点燃了旧旗，旧旗下面有一条湿狗，湿狗在咬蛇。

（2）记忆无关联句子

①小树苗越长越高

②不小心掉在地上

③到处开满鲜花

④窗外阳光灿烂

⑤树上结满苹果

⑥大海呀我的故乡

⑦草原上骏马奔驰

⑧把水蒸发掉

⑨它的样子很像碉堡

⑩鬼子进村了

记忆：

第一步，找关键词：小树苗、地上、鲜花、阳光、苹果、故乡、奔驰、蒸发、碉堡、鬼子。

第二步，连锁串联：小树苗掉在地上，地上有很多鲜花，鲜花看着阳光，阳光照着苹果，苹果送到故乡，故乡有很多人买奔驰，奔驰上有水分在蒸发，水蒸气进入了碉堡，碉堡里有很多鬼子。

第三步，还原。

（3）记忆心理减压的10个方法

①设定现实的目标

②将压力写出来

③统筹安排

④适时放松

⑤慢慢用餐

⑥想象

⑦闻香气

⑧读书

⑨求助

⑩想哭就哭

记忆：

第一步，找关键词：目标、压力、安排、放松、用餐、想象、香气、求

助、哭

第二步，连锁串联：目标高，所以压力大，压力大就要好好安排，安排完了要去放松，放松时用餐，用餐完去想象香气，香气不好闻，就要去求助别人清除，清除不成功，只好哭。

（4）记忆武汉市 515 路公交站

武东 – 武东路 – 张家铺 – 龚家岭 – 彭家岭 – 黄家大湾 – 李家大湾 – 雁中嘴 – 鹅咀 – 磨山 – 梅园 – 猴山 – 游泳池 – 风光村 – 东湖村 – 东湖新村 – 广八路 – 珞珈山 – 省邮电干校 – 小洪山 – 八一路 – 洪山体育馆 – 何家垅 – 民主路小东门 – 宜家装饰广场 – 武警医院 – 民主路胭脂路 – 司门口东站 – 汉阳门

记忆：

武东出生于武东路，随后搬到了张家铺，张家铺旁边有两座山岭，一座叫龚家岭，另一座叫彭家岭。彭家岭的彭德怀打了两场胜仗，一场在黄家大湾，一场在李家大湾。李家大湾有好多大雁，有只大雁的嘴像鹅嘴，鹅嘴飞到了磨山，磨山里的梅园有很多梅花，梅花从里有好多猴子，猴子爬到了猴山，猴山里有个游泳池，游泳池的风光很美，所以叫作风光村，

风光村靠近东湖，东湖那里有两个村，一个东湖村，一个东湖新村。东湖新村的门口是广八路，广八路通往珞珈山，珞珈山里有个省邮电干校，学校里有做小洪山，小洪山上有条八一路，八一路通往洪山体育馆，体育馆馆长叫作何家垅，何家垅在民主路修了个小东门，小东门后面是宜家装饰广场，广场旁边是武警医院，武警医院旁边是民主路有很多卖胭脂的，所以叫作胭脂路，胭脂路通往司门口东站，东站有个汉阳门。

（5）记忆古诗文《使至塞上》（唐 · 王维）

单车欲问边，属国过居延。

征蓬出汉塞，归雁入胡天。

大漠孤烟直，长河落日圆。

萧关逢候骑，都护在燕然。

译文：

一随轻车简从，将去宣慰将士护疆守边，奉使前行啊，车轮辘辘辗过居延。

恰是路边的蓬草，随风飘转出了汉朝的世界，又如那天际的大雁，翱翔北飞进入胡人的穹天。

只见灿黄无限的沙漠，挺拔着一柱灰黑直聚的燧烟，横卧如带的黄河，正低悬着一团落日火红的苍凉与浑圆。

行程迢迢啊，终于到达萧关，恰逢侦察骑兵禀报——守将正在燕然前线。

记忆：

第一步，找关键词：单车、属国、征蓬、归雁、大漠、长河、萧关、都护。

第二步，关键词串联：我骑单车到了他的属国，属国里有好多征蓬，征蓬上面飞来了好多归雁，归雁又飞往大漠，大漠尽头是长河，长河流到了萧关，萧关那里有个都护。

第三步，根据熟记的关键词快速复习回忆全诗。

（6）记忆古诗文《雁门太守行》（唐·李贺）

黑云压城城欲摧，甲光向日金鳞开。(向日 一作：向月)

角声满天秋色里，塞上燕脂凝夜紫。(塞上 一作：塞土)

半卷红旗临易水，霜重鼓寒声不起。

报君黄金台上意，提携玉龙为君死。

译文：

敌军似乌云压近，危城似乎要被摧垮；

阳光照射在鱼鳞一般的铠甲上，金光闪闪。

号角的声音在这秋色里响彻天空；

夜色中，塞上泥土中鲜血浓艳得如紫色。

寒风卷动着红旗，部队临近易水；

凝重的霜湿透了鼓皮，鼓声低沉，扬不起来。

为了报答国君的赏赐和厚爱，

手操宝剑甘愿为国血战到死。

记忆：

第一步，找关键词：黑云、金鳞、角声、燕脂、红旗、霜、黄金、玉龙。

第二步，联想串联：黑云里掉下好多金鳞，金鳞想起了角声，吹角声的人身上有胭（燕）脂，胭脂涂到了红旗上，红旗上有好多霜，霜披到了黄金上，黄金送给了玉龙。

第三步，根据熟记的关键词快速复习全诗文。

（7）记忆现代诗《月亮与星星私语》（李国苓）

空中一片寂静

只有星星陪着月亮

隔窗听着望着

他们互诉真情

月亮说是你的闪烁

照亮了我的心境

让我坚守初一十五

用最大最圆的面孔

装点夜空

星星说我执着的爱你

总是一片真诚
你为相约的人儿
照亮银河夜景
最好的瞬间嵌入我的梦
我在银河的彼岸
栽了一颗相思树
四季花开满枝头
月亮说你的陪伴
是我的依恋
时时听见心灵的震颤
我害怕寂寞
更不喜欢风的呻吟
无论天涯海角银河相临
我们不能牵手却心心相印

记忆：

第一步，找关键词：空中、只有、隔窗、他们、闪烁、照亮、坚守、面孔、装点、星星、真诚、相约、银河、瞬间、彼岸、相思树、四季花、陪伴、依恋、震颤、寂寞、呻吟、天涯海角、心心相印。

第二步，联想串联：我在空中只有隔窗才能看见他们，他们闪烁灯光，照亮了坚守在岗位上的面孔，那些面孔装点了星星，星星很真诚，决定相约在银河，他瞬间就变成了彼岸的相思树，相思树上开满了四季花，四季花陪伴她去依恋，依恋的人震颤了，寂寞了，所以呻吟，她们在天涯海角依然心心相印。

第三步，根据熟记的关键词快速复习回忆全诗。

第三节　情景画面法

情景画面法指把所需记忆的信息构建一幅真实或虚构的画面，通过画面来回忆的方法。通常在记忆古诗或者散文等内容时，由于该内容本身具有较强的画面性，如果对画面进行整理，可以达到很好的记忆效果。

1. 记忆古诗《春晓》和《村居》

春晓

春眠不觉晓，处处闻啼鸟。

夜来风雨声，花落知多少。

村居

草长莺飞二月天，拂堤杨柳醉春烟。

儿童散学归来早，忙趁东风放纸鸢。

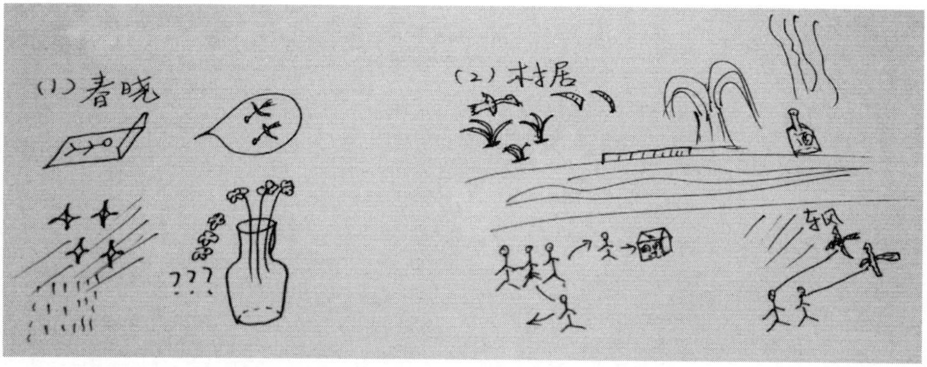

2. 记忆古诗《所见》和《小池》

所见

牧童骑黄牛，歌声振林樾。

意欲捕鸣蝉，忽然闭口立。

小池

泉眼无声惜细流，树阴照水爱晴柔。

小荷才露尖尖角，早有蜻蜓立上头。

3. 记忆古诗《乡村四月》和《四时田园杂兴》

乡村四月

（宋·翁卷）

绿遍山原白满川，

子规声里雨如烟。

乡村四月闲人少，

才了蚕桑又插田。

四时田园杂兴

（宋·范成大）

昼出耘田夜绩麻，

村庄儿女各当家。

童孙未解供耕织，

也傍桑阴学种瓜。

第一步，想象画面；

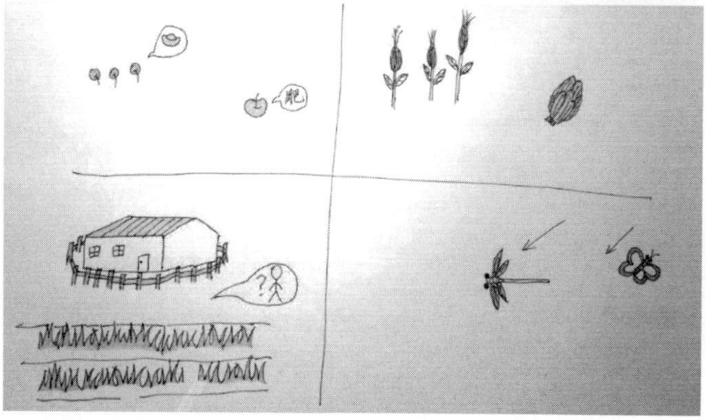

第二步，整理画面细节；

第三步，尝试回忆。

还可以记忆文章。

4. 记忆《西沙群岛》

西沙群岛是南海上的一群岛屿，是我国的海防前哨。那里风景优美，物产丰富，是个可爱的地方。 西沙群岛一带海水五光十色，瑰丽无比：有深蓝的，淡青的，绿的，淡绿的，杏黄的。一块块，一条条，相互交错着。因为海底高低不平，有山崖，有峡谷，海水有深有浅，从海面看，色彩就不同了。

海底的岩石上长着各种各样的珊瑚，有的像绽开的花朵，有的像分枝的鹿角。海参到处都是，在海底懒洋洋地蠕动。大龙是全身披甲，划过来，划过去，样子挺威武。

记忆诀窍：构建一副画面。

想象有一片大海，海上有一座岛屿，岛屿上有岗哨，有很多花草，有很多宝贝，还有个可爱的小孩子。

岛屿旁边的海上有个彩笔盒，有玫瑰花。这些彩笔有蓝色、绿色、黄色。旁边还有一块砖，有金条，杂乱的放着。然后你的视线潜入海底，看到山崖和峡谷，一条波浪形。然后浮出水面，看到新的彩笔盒。

你的视线看到了海底的岩石，上面有很多珊瑚，像花朵，像鹿角。还看到了海参在蠕动。然后你浮出水面，看到了龙舟，划来划去。

注意事项：①要有一幅一幅的整体画面；

②重点词语要用相应的图像代替；

③画面之间有相互连接。

5. 记忆课文《荷叶圆圆》

荷叶圆圆的，绿绿的。

小水珠说：“荷叶是我的摇蓝。”小水珠躺在荷叶上，眨着亮晶晶的眼睛。

小蜻蜓说：“荷叶是我的停机坪。”小蜻蜓立在荷叶上，展开透明的翅膀。

小青蛙说：“荷叶是我的歌台。”小青蛙蹲在荷叶上，呱呱地放声歌唱。

小鱼儿说："荷叶是我的凉伞。"小鱼儿在荷叶下笑嘻嘻地游来游去，捧起一朵朵很美很美的水花。

第一步，根据文章想象画面；

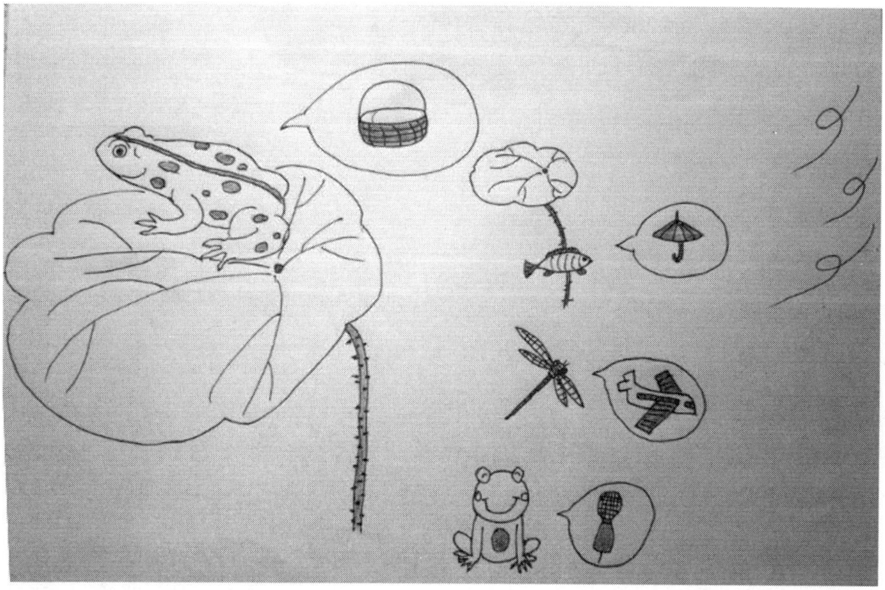

第二步，整理画面细节；

第三步，尝试回忆。

6. 记忆课文《四个太阳》

我画了个绿绿的太阳，挂在夏天的天空。高山、田野、街道、校园，到处一片清凉。

我画了个金黄的太阳，送给秋天。果园里，果子熟了。金黄的落叶忙着邀请小伙伴，请他们尝尝水果的香甜。

我画了个红红的太阳，照亮冬天。阳光温暖着小朋友冻僵的手和脸。

春天，春天的太阳该画什么颜色呢？噢，画个彩色的。因为春天是个多彩的季节。

第一步，想象画面；

第二步，整理画面细节；

第三步，尝试回忆。

7. 记忆课文《司马光》

古时候有个孩子，叫司马光。

有一回，他跟几个小朋友在花园里玩。花园里有假山，假山下面有一口大水缸，缸里装满了水。

有个小朋友爬到假山上去玩，一不小心，掉进了大水缸。别的小朋友都慌了，有的吓哭了，有的叫着喊着，跑去找大人。司马光没有慌，他举起一块石头，使劲砸那口缸，几下子就把缸砸破了。缸里的水流出来了，掉进缸里的小朋友得救了。

第一步，想象画面；

第二步，整理画面细节；

第三步，快速回忆。

[练习]

1. 请记忆以下短文。

鱼成群结队地在珊瑚丛中穿来穿去。有的全部布满彩色的条纹；有的头上长着一簇红缨，好看极了；有的周身像插着好些扇子，游动的时候飘飘摇摇；有的眼睛圆溜溜的，身上长满刺儿，鼓起气来像皮球一样圆。各种各样的鱼多得数不清。正像人们说的那样，西沙群岛的海里一半是水，一半是鱼。

海滩上有拣不完的美丽的贝壳，大的，小的，颜色不一，形状千奇百怪。最有趣的要算海龟了。每年四五月间，庞大的海龟成群爬到沙滩上来产卵。渔业工人把海龟翻一个身，它就四脚朝天，没法逃跑了。

2. 请用情景画面法记忆《黄鹤楼送孟浩然之广陵》（李白）

故人西辞黄鹤楼，烟花三月下扬州。

孤帆远影碧空尽，唯见长江天际流。

3. 请用情景画面法记忆《浪淘沙·九曲黄河万里沙》（刘禹锡）

九曲黄河万里沙，

浪淘风簸自天涯。

如今直上银河去，

同到牵牛织女家。

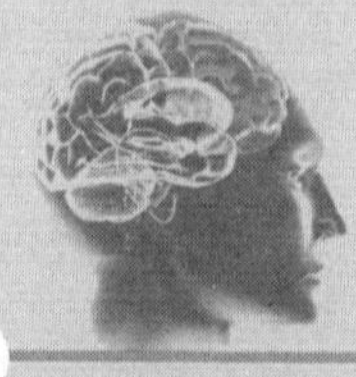

第四章　思维导图

第一节　思维导图的原理

英国著名心理学家托尼·博赞在研究大脑的过程中，发现伟大的艺术家达·芬奇在他的笔记中使用了许多图画、代号和连线。他发现，这正是达芬奇成功的秘密所在。在此基础上，博赞于 19 世纪 60 年代发明了思维导图。

思维导图就是一幅幅帮助你了解并掌握大脑工作原理的使用说明书。它能够：

①增强你的超强记忆能力

②增强你的发散思维能力

③增强你的布局谋篇能力

为什么思维导图功效如此强大？道理其实很简单。

第一，它的结构类似于人脑，它的整个画面正像一个人大脑的结构图；

第二，它层次清晰、思路分明、一目了然；

第三，它强化了联想功能，正像大脑细胞之间无限丰富的连接；

第四，人脑对图像的加工记忆能力大约是文字的 100 倍，让你更有效地把信息放进你的大脑，或是把信息从你的大脑中取出来。

它是一种创造性思维记笔记的方法，能够用文字将你的想法“画出来”。

所有的思维导图都有一些共同之处：

①它们都使用颜色；

②它们都有从中心发散出来的自然结构；

③它们都使用线条、符号、词汇和图像，遵循一套简单、基本、自然、易被大脑接受的规则。

④使用思维导图，可以把一长串枯燥的信息变成彩色的、容易记忆的、有高度组织性的图画，它与我们大脑处理事物的自然方式相吻合。

第二节 思维导图的制作

1. 绘制过程

绘制思维导图并不像你想象的那样复杂。

工具

你只需准备好下面提到的东西，就可以开始画了。

① A4 白纸一张；

②彩色水笔和铅笔；

③你的大脑；

④你的想象！

步骤

①从白纸的中心开始画，周围要留出空白。

从中心开始，充分使用发散思维。

②用一幅图像或图画表达你的中心思想。

“一幅图画抵得上上千个词汇”。它可以让你充分发挥想象力。

③绘图时尽可能地使用多种颜色。

颜色和图像一样能让你的大脑兴奋。

④连接中心图像和主要分枝，然后再连接主要分枝和二级分枝，接着再连二级分枝和三级分枝，依次类推。

所有大脑都是通过联想来工作的。把分枝连接起来，你会很容易地理解和记住更多的东西。

⑤用美丽的曲线连接，永远不要使用直线连接。

你的大脑会对直线感到厌烦。曲线和分枝，就像大树的枝杈一样，更能吸引你的眼球。要知道，曲线更符合自然，具有更多的美的因素。

⑥每条线上注明一个关键词。

思维导图并不完全排斥文字，它更多地是强调融图像与文字的功能于一体。一个关键词会使你的思维导图更加醒目，更为清晰。

⑦自始至终使用图形。

每一个图像，就像中心图形一样，相当于一千个词汇。

2. 技巧

就像画画需要技巧一样，绘制思维导图也有一些自己独特的技巧要求。

①把纸张横着放，这样可以有效利用纸张空间。

②从图中心开始，向四周画出第一级分支（粗线条）。为不同的线条标上颜色。根据实际需要可以增加线条。

③线条的长度略长于关键词。并且在每一个关键词旁边，画一个能够代表它、解释它的简笔画。

④根据需要扩展这幅思维导图。对于每一个正常人来讲，每一个关键词都会让他想到更多的词。例如：假如你写下了“苹果”这个词，你就会想到亚当

夏娃偷吃禁果、苹果派、苹果手机等。

根据你联想到的事物，从每一个关键词上发散出更多的连线。连线的数量取决于你所想到的东西的数量——当然，这可能有无数个。

3. 思维导图的应用

思维导图有什么用?

①同时使用左右脑所有功能，利用了色彩、线条、关键词、图像等，因此可以大大增强记忆力。

②通过画思维导图，你的发散思维得到了不断提高，你对所画知识点理解更加深刻；

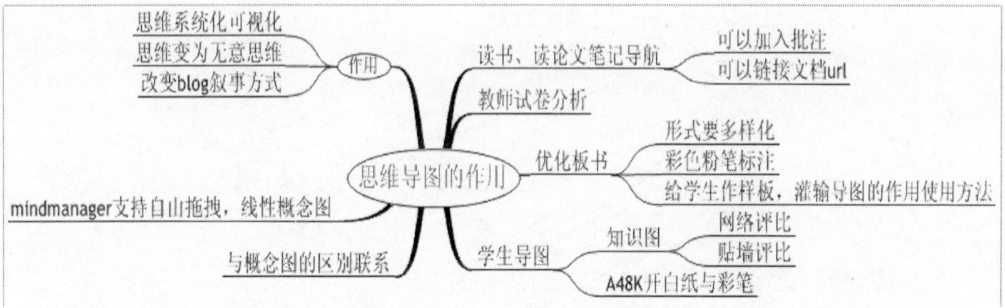

③整幅思维导图就像一个指挥部，它可以指挥导图所代表的全部知识点；

④它们的设计简单，而且结构清晰，层次分明，一目了然，可以快速检索所需要的知识点；

⑤思维导图把书本变薄，可以大大减少复习时间，减轻学习负担；

⑥思维导图大量使用关键词，可以增强你的总结概括能力和谋篇布局能力。

4. 思维导图的思维方式

①横向思维

要领：a. 由一个中心主题联想出很多相关主题

b. 所有的相关主题都围绕这一个中心主题

c. 所有的相关主题之间都相互独立，不重复。

好处：它在思维的过程中，充分发挥人的想象力，突破原有的知识圈，从一点或一方面遵循相关性原则向其他各点或面网状扩散，通过知识的重新组合，找出更多更新的可能答案，设想或解决办法。

②纵向思维

要领：a. 由一个中心主题联想到二级主题

b. 再由二级主题联系想到三级主题……层层深入联想

c. 下级主题都是围绕上级主题，层层包含举例：以幸福主题——家——爸爸——农民——种田——水稻——粮食——生命——珍惜——身体——健康——锻炼——篮球——姚明——高——蓝天——白云……

第三节　用思维导图分析文章

1. 如何把一本书变成一张薄薄的思维导图

把一本书绘制成思维导图，对学习而言，这个价值是无法衡量的。首先，绘制思维导图的时候，你会增强对整本书的理解；第二，把一本书变成思维导图可以把书本知识点浓缩化；第三，绘制思维导图，会减轻你的记忆负担。

2. 绘制思维导图的基本步骤

第一步，根据书本的篇章节条款，迅速找出全书的主题思想和结构框架

第二步，先以全书的主题思想画一张整体思维导图；

第三步，根据每个章节画出每张的思维导图；

第四步，把章节思维导图嫁接到一张思维导图。

例如：把一本小说画思维导图是很容易的。如果小说有章节标题，这些标

题可能并不是最好的主要分支。也许其他东西会更好些!

所有小说都是由确定的要素构成的，这就使你能够把整本书浓缩为一页纸。这些主要元素是:

◇情节—小说一般都是由很多事件构成的，所以要先找到整个事件的结构。

◇人物—把小说所有重要人物的类型和特征整理出来

◇背景—小说发生的时间和地点。

◇语言—小说的语言风格、表达方式和整体的节奏。

◇想象—想象的类型，以及作者为你提供的想象空间。

◇主题—小说要表达的思想，包括一些常见的主题，比如爱情、权力、金钱、宗教等。

◇哲学—找到整本小说所反应的社会现实以及哲学基础。

◇类型—小说可以按不同的主题分类，例如政治类、冒险类、神秘类、侦探类、历史类等。

当你用这种方法绘制思维导图时，你会清楚人物间的关系以及在什么时间发生了什么事情。思维导图就像灯塔一样，能够指引你前进的方向，能够让你更深、更全面地理解和欣赏你所阅读的作品。

3. 用思维导图背诵文章

（1）分析背诵《岳阳楼记》

庆历四年春，滕子京谪守巴陵郡。越明年，政通人和，百废具兴，乃重修岳阳楼，增其旧制，刻唐贤今人诗赋于其上。属予作文以记之。

予观夫巴陵胜状，在洞庭一湖。衔远山，吞长江，浩浩汤汤，横无际涯；朝晖夕阴，气象万千。此则岳阳楼之大观也，前人之述备矣。然则北通巫峡，南极潇湘，迁客骚人，多会于此，览物之情，得无异乎？

若夫淫雨霏霏，连月不开，阴风怒号，浊浪排空；日星隐曜，山岳潜形；

商旅不行，樯倾楫摧；薄暮冥冥，虎啸猿啼。登斯楼也，则有去国怀乡，忧谗畏讥，满目萧然，感极而悲者矣。

至若春和景明，波澜不惊，上下天光，一碧万顷；沙鸥翔集，锦鳞游泳；岸芷汀兰，郁郁青青。而或长烟一空，皓月千里，浮光跃金，静影沉璧，渔歌互答，此乐何极！登斯楼也，则有心旷神怡，宠辱偕忘，把酒临风，其喜洋洋者矣。

嗟夫！予尝求古仁人之心，或异二者之为，何哉？不以物喜，不以己悲；居庙堂之高则忧其民；处江湖之远则忧其君。是进亦忧，退亦忧。然则何时而乐耶？其必曰“先天下之忧而忧，后天下之乐而乐”乎？噫！微斯人，吾谁与归？

时六年九月十五日。

译文：庆历四年的春天，滕子京被降职到巴陵郡做太守。到了第二年，政事顺利，百姓和乐，各种荒废的事业都兴办起来了。于是重新修建岳阳楼，扩大它原有的规模，把唐代名家和当代人的赋刻在它上面。嘱托我写一篇文章来记述这件事情。

我观看那巴陵郡的美好景色，全在洞庭湖上。它连接着远处的山，吞吐长江的水流，浩浩荡荡，无边无际，一天里阴晴多变，气象千变万化。这就是岳阳楼的雄伟景象。前人的记述（已经）很详尽了。虽然如此，那么向北面通到巫峡，向南面直到潇水和湘水，降职的官吏和来往的诗人，大多在这里聚会，（他们）观赏自然景物而触发的感情大概会有所不同吧？

像那阴雨连绵，接连几个月不放晴，寒风怒吼，浑浊的浪冲向天空；太阳和星星隐藏起光辉，山岳隐没了形体；商人和旅客（一译：行商和客商）不能通行，船桅倒下，船桨折断；傍晚天色昏暗，虎在长啸，猿在悲啼，（这时）登上这座楼啊，就会有一种离开国都、怀念家乡，担心人家说坏话、惧怕人家批评指责，满眼都是萧条的景象，感慨到了极点而悲伤的心情。

到了春风和煦，阳光明媚的时候，湖面平静，没有惊涛骇浪，天色湖光相连，一片碧绿，广阔无际；沙洲上的鸥鸟，时而飞翔，时而停歇，美丽的鱼游来游去，岸上的香草和小洲上的兰花，草木茂盛，青翠欲滴。有时大片烟雾完全消散，皎洁的月光一泻千里，波动的光闪着金色，静静的月影像沉入水中的玉璧，渔夫的歌声在你唱我和地响起来，这种乐趣（真是）无穷无尽啊！（这时）登上这座楼，就会感到心胸开阔、心情愉快，光荣和屈辱一并忘了，端着酒杯，吹着微风，那真是快乐高兴极了。

唉！我曾经探求古时品德高尚的人的思想感情，或许不同于（以上）两种人的心情，这是为什么呢？（是由于）不因外物好坏和自己得失而或喜或悲。在朝廷上做官时，就为百姓担忧；在江湖上不做官时，就为国君担忧。这样来说在朝廷做官也担忧，在僻远的江湖也担忧。既然这样，那么他们什么时候才会感到快乐呢？他们一定会说："在天下人忧之前先忧，在天下人乐之后才乐"。唉！没有这种人，我同谁一道呢？

写于为庆历六年九月十五日。

第一步，分析全文；

第二步，画思维导图；

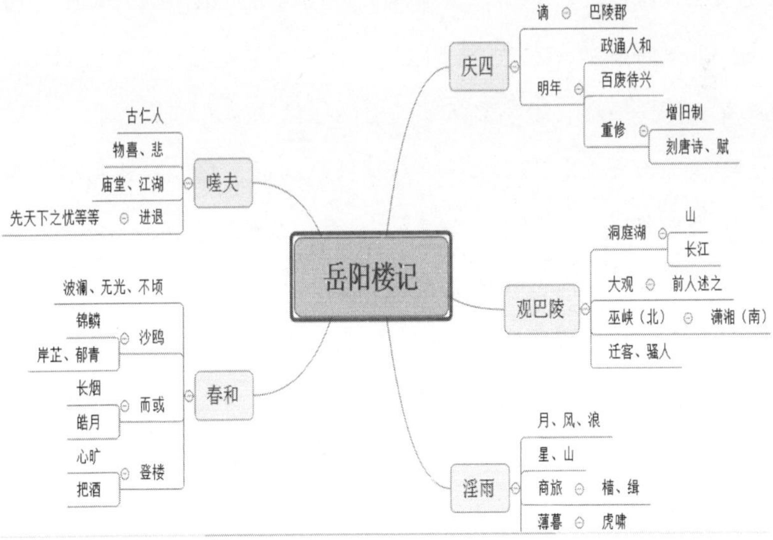

第三步，根据思维导图快速复习全文。

（2）分析背诵《詹天佑》

詹天佑不怕困难，也不怕嘲笑，毅然接受了任务，马上开始勘测线路。哪里要开山，哪里要架桥，哪里要把陡坡铲平，哪里要把弯度改小，都要经过勘测，进行周密计算。詹天佑经常勉励工作人员，说：“我们的工作首先要精密，不能有一点儿马虎。‘大概’‘差不多’这类说法不应该出自工程人员之口。”他亲自带着学生和工人，扛着标杆，背着经纬仪，在峭壁上定点、测绘。塞外常常狂风怒号，黄沙满天，一不小心还有坠入深谷的危险。不管条件怎样恶劣，詹天佑始终坚持在野外工作。白天，他攀山越岭，勘测线路；晚上，他就在油灯下绘图、计算。为了寻找一条合适的线路，他常常请教当地的农民。遇到困难，他总是想：这是中国人自己修筑的第一条铁路，一定要把它修好；否则，不但惹外国人讥笑，还会使中国的工程师失掉信心。

铁路要经过很多高山，不得不开凿隧道，其中数居庸关和八达岭两条隧道的工程最艰巨。居庸关山势高，岩层厚，詹天佑决定采用从两端同时向中间凿进的办法。山顶的泉水往下渗，隧道里满是泥浆。工地上没有抽水机，詹天佑就带头挑着水桶去排水。他常常跟工人们同吃同住，不离开工地。

八达岭隧道长一千一百多米，有居庸关隧道的三倍长。他跟老工人一起商量，决定采用中部凿井法，先从山顶往下打一口竖井，再分别向两头开凿，外面两端也同时施工，把工期缩短了一半。

铁路经过青龙桥附近，坡度特别大。火车怎样才能爬上这样的陡坡呢？詹天佑顺着山势，设计了一种“人”字形线路。北上的列车到了南口就用两个火车头，一个在前边拉，一个在后边推。过青龙桥，列车向东北前进，过了“人”字形线路的岔道口就倒过来，原先推的火车头拉，原先拉的火车头推，使列车折向西北前进。这样一来，火车上山就容易得多了。

京张铁路不满四年就全线竣工了，比计划提早两年。这件事给了藐视中国的帝国主义者一个有力的回击。今天，我们乘火车去八达岭，过青龙桥车站，可以看到一座铜像，那就是詹天佑的塑像。

第一步，分析全文；

第二步，画思维导图；

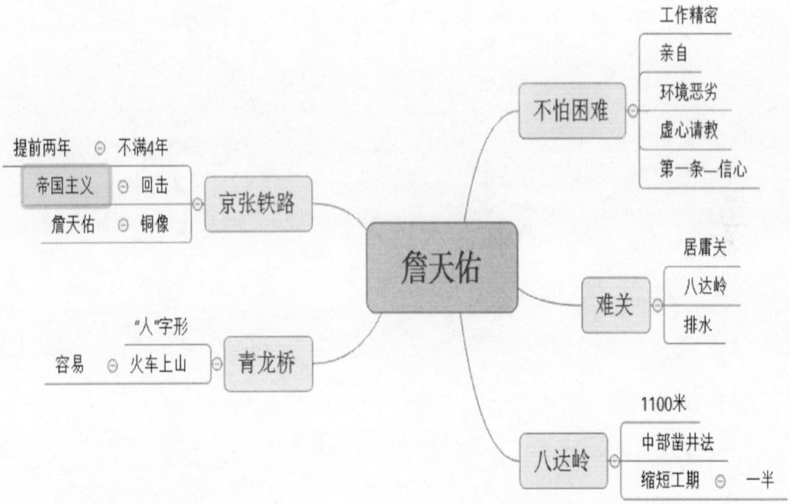

第三步，快速复习全文。

4. 用思维导图写作文

（1）写作文《勇于超越》

第一步，画思维导图；

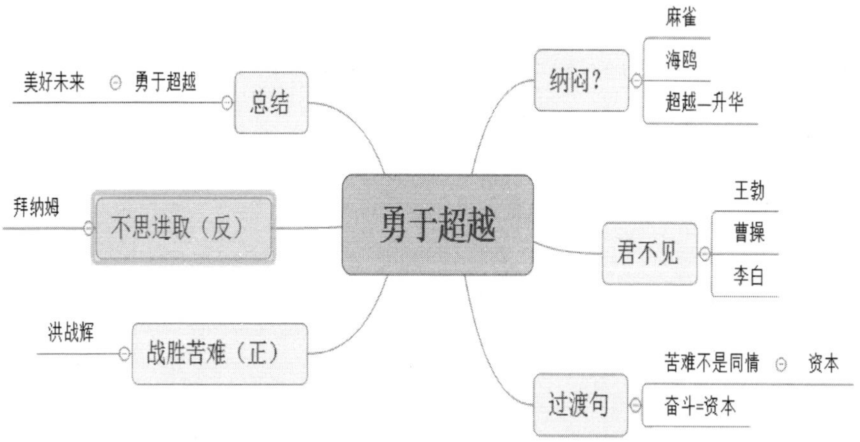

第二步，根据思维导图快速写成全文。

麻雀总在纳闷：谷子明明就在地上，而鹰为何总要冲上去霄？为了饱览壮阔的河山和体验战胜自我的激情。

海鸥总在纳闷：美景明明只在晴空，而海燕为何总要追击雷鸣与风暴呢？为了磨练坚强的意志和追求敢于反抗的精神。

人生在勇于超越中得到升华。

君不见“穷且益坚，不坠青云之志”的王勃雄心壮志的光芒吗？君不见“烈士暮年，壮士不已”的曹操仍旧雄姿英发，为求统一的雄心吗？君不见“高堂明镜悲白发，朝如青丝暮成雪”的李白仍旧高唱“安能摧眉折腰事权贵，使我不得开心颜”的豪怀壮语吗？只有勇于超越才能“穷且益坚”，才能“不坠青云之志”，才能“直挂云帆济沧海”。

“苦难的经历并不是我们博得别人同情的资本，奋斗才是最重要的。”河南小伙儿洪战辉给我们做了最好的榜样。

只有勇于战胜苦难，超越自我，才能赢得大家的尊敬。这是洪战辉艰难但宝贵经历的印证。原本不富裕的洪战辉一家收养了从天而降的女婴。当家中一贫如洗之时，13 岁的洪战辉没有哭泣，他毅然用稚嫩的肩膀挑起抚养妹妹的重担。打工、学习、照看妹妹填满了他漫漫的人生路。试想如果洪战辉没有勇于超越苦难、战胜艰难的精神和毅力，他又怎能顽强地活下来呢？已成人的我，渐渐懂得长大的艰辛而他却早已扛下了那对于我来说仍处于梦幻中的青天。我由衷地敬佩你，洪战辉！苦难并不害怕，害怕是你没有勇气去战胜它。面对艰难，重要的是勇于超越的自信与毅力，重要的是“超越梦想一起去飞”。

不思进取，停滞不前，没有勇于超越的心志，就永远不会品味到成功一刹那时的微笑是多么甘甜！面对圣人，我们更要见贤思齐，迎头赶上。也许缺乏勇于超越的心志也是“圣人之所以为圣，愚人之所以为愚”和“圣益圣，愚益愚”的原因之一吧！小到个人，大到整个社会都在勇于超越中发展前进。

见贤思齐，勇于超越，成就梦想，成就未来。

（2）写作文《凤凰古城》

第一步，画思维导图；

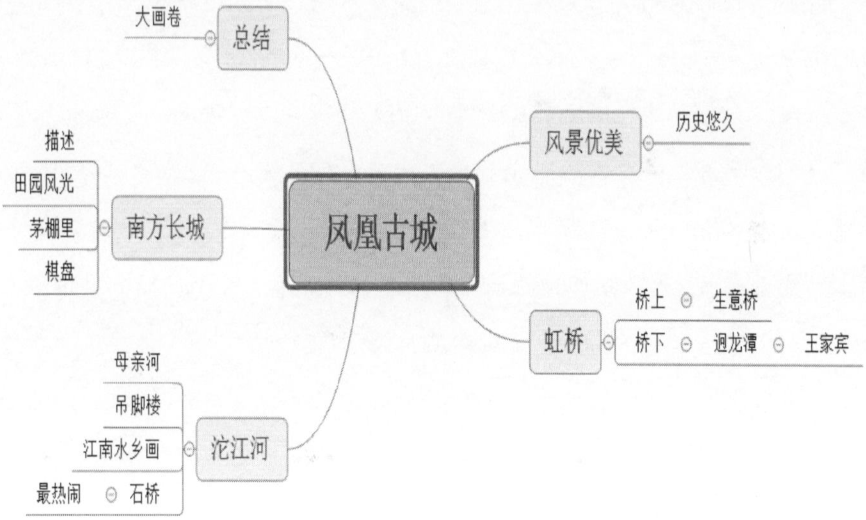

第二步，根据思维导图快速写成全文。

凤凰是一个风景秀丽，历史悠久，名胜古迹甚多的古城。

进入凤凰古城，雄伟、壮观的虹桥横卧在沱江之上。虹桥这座桥始建于明洪武初年，有六百多年的历史。桥上建筑有两层，即是让人通行做生意的风雨桥，又能供人们休闲享受。而桥下的那个潭，自古以来就叫“迥龙潭”，清代诗人王家宾还为此作诗一首：“危楼俯瞰碧波寒，回绕苔矶涌雪湍。绝似中流擎砥柱，不教江水起狂澜。”站在虹桥艺术楼上，沱江两岸景色尽收眼底，微风从下面的沱江吹上来，使人神清气爽。

走完虹桥，就来到秀丽的沱江河。沱江河是古城凤凰的母亲河，她依着城墙缓缓流淌。世世代代哺育着古城儿女。我们坐在乌蓬船，听着艄公的号子，看着两岸已有百年历史的苗家吊脚楼，别有一番韵味。从跳岩附近顺水而下，穿过虹轿。一幅江南水乡画卷便展现于眼前：万寿宫、万名塔、夺翠楼……一种远离尘世的感觉油然而生。沱江最热闹的地方就是那几座像“搭石”一样的石桥。游客们走在上面，动作是那么协调有序！前面的抬起脚来，后面的紧跟上去，踏踏的声音，像轻快的音乐；清波漾漾，人影绰绰，给人画一般的美感！

最后，我们来到了“南方长城”。远看长城，它像一条长龙，在崇山峻岭之间蜿蜒盘旋。南方长城全长190公里，城墙高约3米，底宽3米，墙顶端宽1米，穿越山水，大部分建在险峻的山脊上。登上长城，田园风光一览无余，长城四周，我们依稀看见一些残垣断壁和烽火台。我们还坐在茅棚里，一边休息，一边谈古论今。瞧！长城脚下有一个好大好大的棋盘，它是世界围棋巅峰对决活动，棋界高手以“人为棋子地为盘”对古老的围棋和武术文化进行了全新演绎。有八个大字深深地刻在墙上：棋行大地，天下凤凰。

凤凰古城是一幅美丽又神奇的大画卷。它的美说也说不尽，希望你有机会去细细游赏。

第四节　用思维导图记单词

英语单词大多是由最原始的词根衍生而来，很多单词都是由一个词根加上前缀、后缀演变成新的单词。我们通过学习可以发现，小学、初中的英语单词都比较短、比较简单，高中、大学的单词很长，但很多都是以前学习过的单词加上前后缀演变过来的。所以，如果我们发挥思维导图的总结概括的功能和记忆的功能，把所有的英语单词整理出来，这样就可以达到“记一个单词等于记了 10 多个甚至更多单词”的效果。而且，这样还可以加深对单词的理解。此外，用思维导图整理出来后，还要结合定桩法和串联法的原理记住整幅图。

1. 记住以 arm 武器为中心的相关英语单词

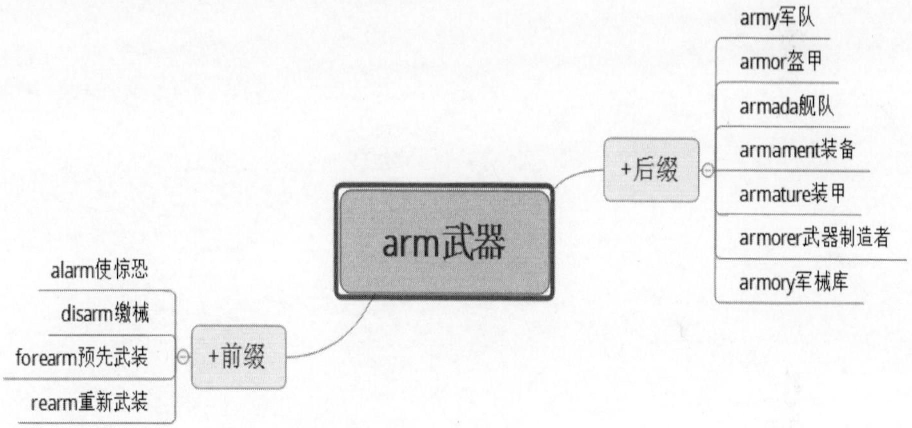

记忆：想象一只军队戴着盔甲，组成了一只舰队，换上全新装备——装甲车，装甲车里面有个武器制造者，开到了军械库。结果他们感到了惊恐，被迫缴械，缴械后把之前预先武装好的人重新武装了一遍。

2. 记住以 gress 相关的英语单词

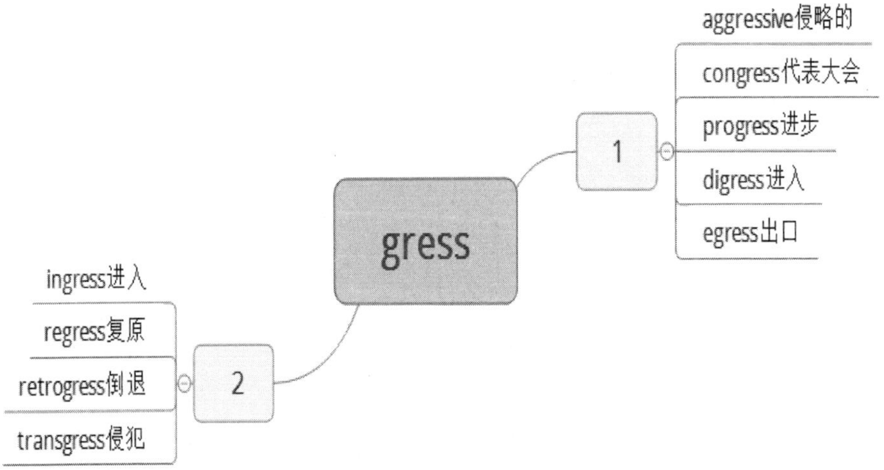

记忆：想象有一帮爱侵略的人开了一个代表大会，他们获得了很大进步，进入了人生的另一个出口，然后进入了复原状态，只可惜倒退了，最后又去侵犯别人。

3. 记住以 sent 相关的英语单词

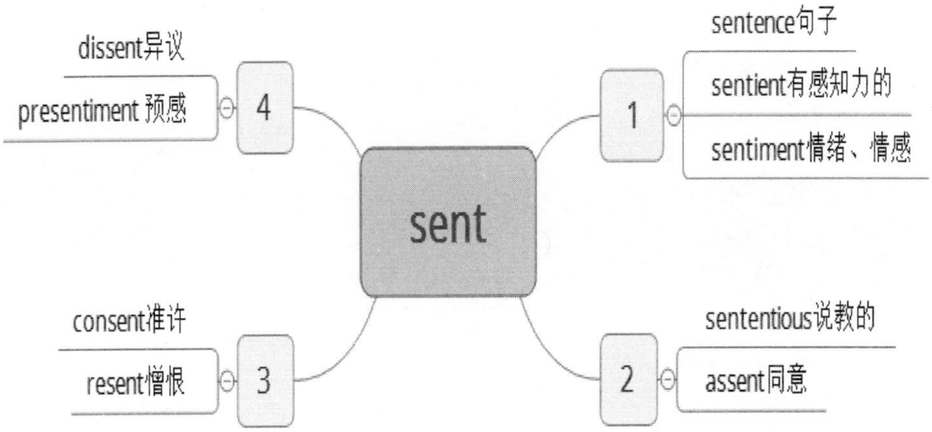

记忆：想象我写了一个句子，是很有感知力的，因为这个句子充满了情感。它是用来说教的，我希望获得大家的同意而不是异议，但是我有预感——我会

获得大家的准许，但也会得到一些人的憎恨。

4. 记住以 part 相关的英语单词

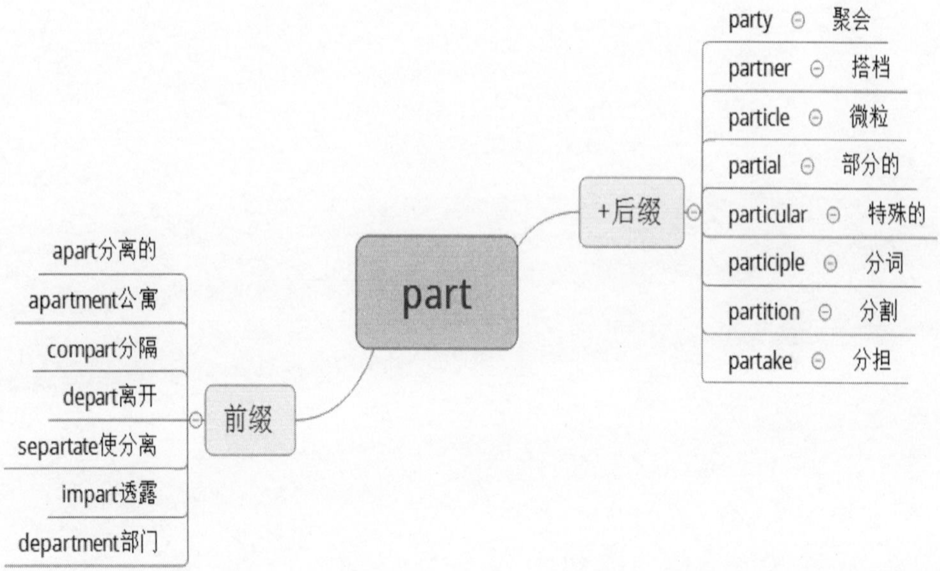

记忆：想象我参加了一个聚会，认识了一个搭档，他送了我很多微粒，这些微粒分成很多部分，每部分都是特殊的，而且上面有很多粉刺（分词），我把这些粉刺分割掉，我觉得粉刺是因为压力大，所以我们要学会分担压力。我觉得大家住在分离的公寓是不好的，因为这把大家分割开了，很多人离开就是造成了彼此永远的分离，这透漏了相关部分应该改善这一点。

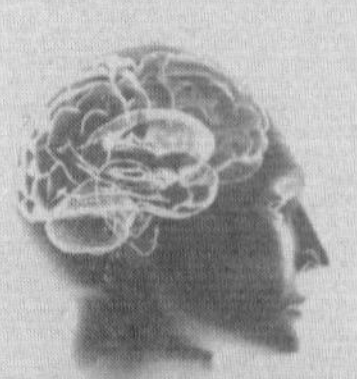

第五章　记忆法的学科运用

第一节　如何记忆古诗文

1. 情景画面法

古诗文一般具有一定的意境，如果我们通过画草图，再结合图像记忆的原理，很容易快速高效的记住一篇古诗文。

技巧

根据诗文的意境找一个大的空间；

对每一句诗文的关键词出图像；

对图像进行顺序整理。

（1）记忆古诗《夜雨寄北》

（2）记忆古诗《江南春》

（3）记忆古诗《江畔独步寻花》

（4）记忆古诗《书湖阴先生壁》

2. 地点定桩法

（1）记忆古诗《古朗月行》

小时不识月，呼作白玉盘。

又疑瑶台镜，飞在青云端。

仙人垂两足，桂树何团团。

白兔捣药成，问言与谁餐。

蟾蜍蚀圆影，大明夜已残。

羿昔落九乌，天人清且安。

阴精此沦惑，去去不足观。

忧来其如何？凄怆摧心肝。

译文：小时候不认识月亮，把它称为白玉盘。

又怀疑是瑶台仙镜，飞在夜空青云之上。

月中的仙人是垂着双脚吗？月中的桂树为什么长得圆圆的？

白兔捣成的仙药，到底是给谁吃的呢？

蟾蜍把圆月啃食得残缺不全，皎洁的月儿因此晦暗不明。

后羿射下了九个太阳，天上人间免却灾难清明安宁。

月亮已经沦没而迷惑不清，没有什么可看的不如远远走开吧。

心怀忧虑啊又何忍一走了之，凄惨悲伤让我肝肠寸断。

记忆：

第一，找地点。本诗有 16 句，我们先找 8 个地点。

地点依次为：门、投影屏幕、桌子、讲台、空调、白板、窗户、椅子

第二，联想记忆：

①门：想象门上有个小孩子指着月亮，说那是白玉盘。

②屏幕：想象屏幕上有个瑶台镜，上面有个问号；屏幕上还有一朵青色的云。

③桌子：桌子上有个赤脚大仙垂着两只大脚，大仙头上长着桂树，树上还有一团团桂花。

④讲台：讲台上有只玉兔刚刚捣完药，玉兔头上有个问号，正在询问中午与谁吃饭。

⑤空调：空调上有个蟾蜍在吃月亮的影子，然后天亮了，夜晚就消失了。

⑥白板：白板上有个后羿在射金乌（太阳），然后天上的神仙很安逸、清净。

⑦窗户：窗户上的月亮慢慢沉沦下去变得迷惑不清了，有人挥挥手说不值得观看。

⑧椅子：椅子上有个人在那里很担忧，还有个人哭的很伤心。

3. 数字定桩法

（1）记忆白居易的《琵琶行》。

① 浔阳江头夜送客，枫叶荻 (dí) 花秋瑟瑟。

② 主人下马客在船，举酒欲饮无管弦。

③ 醉不成欢惨将别，别时茫茫江浸月。

④ 忽闻水上琵琶声，主人忘归客不发。

⑤ 寻声暗问弹者谁？琵琶声停欲语迟。

⑥ 移船相近邀相见，添酒回灯重开宴。

⑦ 千呼万唤始出来，犹抱琵琶半遮面。

⑧ 转轴拨弦三两声，未成曲调先有情。

⑨ 弦弦掩抑声声思，似诉平生不得志。

⑩ 低眉信手续续弹，说尽心中无限事。

⑪ 轻拢慢捻抹复挑，初为《霓裳》后《六幺》。

⑫ 大弦嘈嘈如急雨，小弦切切如私语。

⑬ 嘈嘈切切错杂弹，大珠小珠落玉盘。

⑭ 间关莺语花底滑，幽咽泉流冰下难。

⑮ 冰泉冷涩弦凝绝，凝绝不通声暂歇。

⑯ 别有幽愁暗恨生，此时无声胜有声。

⑰ 银瓶乍破水浆迸，铁骑突出刀枪鸣。

⑱ 曲终收拨当心画，四弦一声如裂帛。

⑲ 东船西舫悄无言，唯见江心秋月白。

⑳ 沉吟放拨插弦中，整顿衣裳起敛容。

㉑ 自言本是京城女，家在虾蟆陵下住。

㉒ 十三学得琵琶成，名属教坊第一部。

㉓ 曲罢曾教善才服，妆成每被秋娘妒。

㉔ 五陵年少争缠头，一曲红绡不知数。

㉕ 钿头银篦击节碎，血色罗裙翻酒污。

㉖ 今年欢笑复明年，秋月春风等闲度。

㉗ 弟走从军阿姨死，暮去朝来颜色故。

㉘门前冷落鞍马稀，老大嫁作商人妇。

㉙商人重利轻别离，前月浮梁买茶去。

㉚去来江口守空船，绕船月明江水寒。

㉛夜深忽梦少年事，梦啼妆泪红阑干。

㉜我闻琵琶已叹息，又闻此语重唧唧。

㉝同是天涯沦落人，相逢何必曾相识！

㉞我从去年辞帝京，谪居卧病浔阳城。

㉟浔阳地僻无音乐，终岁不闻丝竹声。

㊱住近湓江地低湿，黄芦苦竹绕宅生。

㊲其间旦暮闻何物？杜鹃啼血猿哀鸣。

㊳春江花朝秋月夜，往往取酒还独倾。

㊴岂无山歌与村笛？呕哑嘲哳难为听。

㊵今夜闻君琵琶语，如听仙乐耳暂明。

㊶莫辞更坐弹一曲，为君翻作《琵琶行》。

㊷感我此言良久立，却坐促弦弦转急。

㊸凄凄不似向前声，满座重闻皆掩泣。

㊹座中泣下谁最多？江州司马青衫湿。

第一步，找数字编码1—44；

数字编码表									
01	02	03	04	05	06	07	08	09	10
小树	铃儿	凳子	轿车	手套	手枪	锄头	溜冰鞋	猫	棒球
11	12	13	14	15	16	17	18	19	20
梯子	椅儿	医生	钥匙	鹦鹉	石榴	仪器	腰包	衣钩	香烟
21	22	23	24	25	26	27	28	29	30
鳄鱼	双胞胎	和尚	闹钟	二胡	河流	耳机	恶霸	饿囚	三轮车
31	32	33	34	35	36	37	38	39	40
鲨鱼	扇儿	星星	三丝	山虎	山鹿	山鸡	妇女	山丘	司令

41	42	43	44						
蜥蜴	柿子	石山	蛇						

第二步，联想记忆；

例如：

01——树　想象树下面有一条浔阳将，有个人在送客人，旁边有一天船，还有很多芦苇。

02——铃儿　想象马路上有个人下马了，还有个人在船上，两个人在饮酒但是没有管弦，只能敲铃铛了。

03——凳子　想象两个人喝醉了，坐在凳子上，离别时江上还有月亮的倒影。

04——汽车　想象江边忽然来了一辆轿车，有个人从车上下来给大家弹琵琶，主人听得忘记回归了，客人也不发船了。

05——手套　主人戴着手套，跟着声音去询问弹琵琶的人是谁，琵琶声停了，那个人想要说什么但是又迟迟不说。

06——手枪　想象有两艘船快要靠近了，相互拿着手枪射击，但是后来又握手言和，重新点灯饮酒。

07——锄头　想象一个拿着锄头的人，千呼万唤才肯出来，出来时还抱着琵琶遮住面容。

08——溜冰鞋　想象一个穿着溜冰鞋的人，转身拨弄琴弦几声，虽然没有形成情调，但已经充满了感情。

后面的可以自己尝试记忆：

第三步，快速回忆。

4. 字头歌诀法

（1）记忆古诗《春夜喜雨》（唐・杜甫）

好雨知时节，当春乃发生。

随风潜入夜，润物细无声。

夜径云俱黑，江船火独明。

晓看红湿处，花重锦官城。

译文：

好雨仿佛知道季节的变化，春天来临时就催发植物生长。

伴随着春风悄悄地飘洒在夜里，滋润着万物，细微而没有声音。

田野里的小路与天上的乌云融为一片，全部乌黑，只有江中船上的灯火明亮。

到天亮时，再看那红色的湿漉漉的地方，春花沉甸甸的，妆点着锦官城（成都别称）。

记忆：

第一步，找字头：好、当、随、润、夜、江、晓、花。

第二步，编口诀：好人应当很随和，一个湿润的夜晚，我在江边知晓花开。

（2）记忆古诗《商山早行》（唐·温庭筠）

晨起动征铎，客行悲故乡。

鸡声茅店月，人迹板桥霜。

槲叶落山路，枳花明驿墙。

因思杜陵梦，凫雁满回塘。

译文：

黎明起床，车马的铃铎已震动；一路远行，游子悲思故乡。

鸡声嘹亮，茅草店沐浴着晓月的余辉；足迹依稀，木板桥覆盖着早春的寒霜。

枯败的槲叶，落满了荒山的野路；淡白的枳花，鲜艳地开放在驿站的泥墙上。

因而想起昨夜梦见杜陵的美好情景；一群群鸭和鹅，正嬉戏在岸边弯曲的湖塘里。

记忆：

第一步，找字头：晨、客、鸡、人、槲、枳、因、凫。

第二步，编口诀：早晨给客人杀鸡，有人在槲树下偷枳果，因此惊动了凫。

5. 关键词串联法

（1）记忆古诗《观沧海》（曹操）

东临碣石，以观沧海。

水何澹澹，山岛竦峙。

树木丛生，百草丰茂。

秋风萧瑟，洪波涌起。

日月之行，若出其中。

星汉灿烂，若出其里。

幸甚至哉，歌以咏志。

译文：

东行登上碣石山，来欣赏大海。

海水多么宽阔浩荡，碣石山高高耸立在海边。

碣石山上树木丛生，各种草长得很繁茂。

秋风吹动树木发出悲凉的声音，海上翻腾着巨大的波浪。

日月的运行，好像是从海中发出的。

银河星光灿烂，好像也是从海中产生出来的。

幸甚至哉，歌以咏志。

记忆：

第一步，找关键词：碣石、沧海、澹澹、山岛、树木、百草、秋风、洪波日月、其中、星汉、其里、幸甚、咏志。

第二步，串联：我把碣石扔到了沧海，沧海的水颜色淡淡的，淡淡的水流到了山岛，山岛上有很多树木和百草，百草上刮起了秋风，秋风吹起了洪波，洪波惊动了日月，日月其中有星汉，星汉在其里很幸甚，所以唱歌咏志。

第三步，快速回忆。

（2）记忆古诗《行路难》（唐·李白）

金樽清酒斗十千，玉盘珍羞直万钱。(羞通：馐；直通值)

停杯投箸不能食，拔剑四顾心茫然。

欲渡黄河冰塞川，将登太行雪满山。(雪满山一作：雪暗天)

闲来垂钓碧溪上，忽复乘舟梦日边。

行路难！行路难！多歧路，今安在?

长风破浪会有时，直挂云帆济沧海。

译文：

金杯里装的名酒，每斗要价十千；玉盘中盛的精美菜肴，收费万钱。

胸中郁闷啊，我停杯投箸吃不下；拔剑环顾四周，我心里委实茫然。

想渡黄河，冰雪堵塞了这条大川；要登太行，莽莽的风雪早已封山。

像吕尚垂钓溪，闲待东山再起；又像伊尹做梦，他乘船经过日边。

世上行路呵多么艰难，多么艰难；眼前歧路这么多，我该向北向南?

相信总有一天，能乘长风破万里浪；高高挂起云帆，在沧海中勇往直前！

记忆：

第一步，找关键词：金樽、玉盘、停杯、拔剑、黄河、太行、垂钓、乘舟、行路难、歧路、长风、云帆。

第二步，串联：我拿着金樽砸碎了玉盘，玉盘碎了大家只能停杯，停杯后的客人拔剑指向黄河与太行山。太行山有很多人在垂钓。垂钓的人爱乘舟，乘舟的过程让我感受到行路难，感觉这就是歧路，歧路上刮起长风，长风吹起了云帆。

（3）记忆古诗《北风卷地白草折，胡天八月即飞雪》（唐·岑参）

忽如一夜春风来，千树万树梨花开。

散入珠帘湿罗幕，狐裘不暖锦衾薄。

将军角弓不得控，都护铁衣冷难着。

瀚海阑干百丈冰，愁云惨淡万里凝。

中军置酒饮归客，胡琴琵琶与羌笛。

纷纷暮雪下辕门，风掣红旗冻不翻。

轮台东门送君去，去时雪满天山路。

山回路转不见君，雪上空留马行处。

译文：

北风席卷大地把白草吹折，胡地天气八月就纷扬落雪。

忽然间宛如一夜春风吹来，好像是千树万树梨花盛开。

雪花散入珠帘打湿了罗幕，狐裘穿不暖锦被也嫌太薄。

将军都护手冻得拉不开弓，铁甲冰冷得让人难以穿着。

沙漠结冰百丈纵横有裂纹，万里长空凝聚着惨淡愁云。

主帅帐中摆酒为归客饯行，胡琴琵琶羌笛合奏来助兴。

傍晚辕门前大雪落个不停，红旗冻僵了风也无法牵引。

轮台东门外欢送你回京去，你去时大雪盖满了天山路。

山路迂回曲折已看不见你，雪上只留下一连串马蹄印。

记忆：

第一步，找关键词：春风、梨花、珠帘、狐裘、将军、铁衣、瀚海、愁云、中军、胡琴、暮雪、红旗、轮台、天山路、山回路转、雪上。

第二步，串联：春风吹开了梨花，梨花落入珠帘，珠帘上挂着狐裘，狐裘是将军的，将军穿着铁衣，铁衣沉入了瀚海，瀚海上有愁云，愁云飘向了中军，中军有人在吹胡琴，一只吹到下起了暮雪，暮雪下到了红旗上，红旗插在轮台上，轮台开往天上路，天山路有很多人在山回路转，最后躺在了雪上。

第三步，根据熟记的关键词快速复习回忆全诗。

（4）记忆古诗文《饮酒》（晋·陶渊明）

结庐在人境，而无车马喧。

问君何能尔，心远地自偏。

采菊东篱下，悠悠见南山。

山气日夕佳，飞鸟相与还。

此中有真意，欲辨已忘言。

译文：居住在人世间，却没有车马的喧嚣。

问我为何能如此，只要心志高远，自然就会觉得所处地方僻静了。

在东篱之下采摘菊花，悠然间，那远处的南山映入眼帘。

山中的气息与傍晚的景色十分好，有飞鸟，结着伴儿归来。

这里面蕴含着人生的真正意义，想要辨识，却不知怎样表达

记忆：

第一步，找关键词：结庐、车马、问君、心远、采菊、南山、山气、飞鸟、真意、忘言。

第二步，联想串联：我结完草庐去骑车马，在车马上问君为何心在远方，他说因为远方有很多人在采菊花，菊花长在南山上，南山有很厚的山气，山气中飘向了飞鸟，飞鸟向我表达真意，结果又忘言了。

第三步，根据熟记的关键词快速复习回忆全文。

6. 人物定桩法之学科老师

（1）记忆《卖炭翁》（唐·白居易）

卖炭翁，伐薪烧炭南山中。

满面尘灰烟火色，两鬓苍苍十指黑。

卖炭得钱何所营？身上衣裳口中食。

可怜身上衣正单，心忧炭贱愿天寒。

夜来城外一尺雪，晓驾炭车辗冰辙。

牛困人饥日已高，市南门外泥中歇。

翩翩两骑来是谁？黄衣使者白衫儿。

手把文书口称敕，回车叱牛牵向北。

一车炭，千余斤，宫使驱将惜不得。

半匹红绡一丈绫，系向牛头充炭直。

译文：

有位卖炭的老头，在终南山里砍柴烧炭。他满脸灰尘，显出被烟熏火烤的颜色，两鬓头发灰白，十个手指乌黑。卖炭得到钱作什么用？为了身上穿的衣裳和嘴里吃的食物。数九寒天可怜身上穿的衣服很单薄，但是心里担忧炭的价钱便宜，希望天气更寒冷。夜里城外下了一尺厚的大雪，清晨，老翁驾着炭车轧着冰冻的车辙赶路。牛疲乏了，人也饿了，太阳已经升得很高了，老翁就在集市南门外泥泞中休息。

两个骑马的人轻快前来了，他们是谁？是穿黄衣服的太监和穿白衣服的差役。手里拿着公文，嘴里说是皇帝的命令，然后拉转车头，吆喝着赶牛往北面拉去。一车炭，一千多斤，宫市使者们硬是要赶走，老翁舍不得它，却也没有办法。宫市使者们将半匹红绡和一丈绫，朝牛头上一挂，当作炭的价钱。

记忆：

第一步，找老师：语文老师、数学老师、英语老师、政治老师、历史老师、地理老师、物理老师、化学老师、生物老师、体育老师。

第二步，一一对应联想：

语文老师：想象我的语文老师是个卖炭的老头，他砍了很多柴正在终南山烧炭；

数学老师：想象数学老师他满脸灰尘，显出被烟熏火烤的颜色，两鬓头发灰白，十个手指乌黑发亮；

英语老师：想象我问英语老师她卖炭得到钱作什么用？她说为了身上穿的衣裳和嘴里吃的食物；

政治老师：想象政治老师大寒天的很可怜，身上穿的衣服很单薄，但是他心里担忧炭的价钱便宜，所以希望天气更寒冷；

历史老师：想象在夜里，突然城外下了一尺厚的大雪。清晨，历史老师驾着炭车轧着冰冻的车辙赶路；

地理老师：想象地理老师的牛疲乏了，他人也饿了，太阳已经升得很高了，他就躺在集市南门外泥泞中休息；

物理老师：物理老师看见骑马的人轻快前来了，问他们是谁？仔细一看是穿黄衣服的太监和穿白衣服的差役；

化学老师：化学老师手里拿着公文，嘴里说是皇帝的命令，然后拉转车头，吆喝着赶牛往北面拉去；

生物老师：一车炭，一千多斤，宫市使者们硬是要赶走，生物老师舍不得它，却也没有办法；

体育老师：体育老师将半匹红绡和一丈绫，朝牛头上一挂，当作炭的价钱。

第三步，根据各科老师快速复习记忆全文。

7. 人物定桩法之百家姓

（1）记忆初中必备古诗文《论语十二章》

①子曰：“学而时习之，不亦说乎？有朋自远方来，不亦乐乎？人不知而不愠，不亦君子乎？”（《学而》）

②曾子曰：“吾日三省吾身：为人谋而不忠乎？与朋友交而不信乎？传不习乎？”（《学而》）

③子曰：“吾十有五而志于学，三十而立，四十而不惑，五十而知天命，六十而耳顺，七十而从心所欲，不逾矩。”（《为政》）

④子曰：“温故而知新，可以为师矣。”（《为政》）

⑤子曰：“学而不思则罔，思而不学则殆。”（《为政》）

⑥子曰：“贤哉，回也！一箪食，一瓢饮，在陋巷，人不堪其忧，回也不改其乐。贤哉，回也！”（《雍也》）

⑦子曰：“知之者不如好之者，好之者不如乐之者。”（《雍也》）

⑧子曰：“饭疏食饮水，曲肱而枕之，乐亦在其中矣。不义而富且贵，于我如浮云。”（《述而》）

⑨子曰：“三人行，必有我师焉。择其善者而从之，其不善者而改之。”（《述而》）

⑩子在川上曰：“逝者如斯夫，不舍昼夜。”（《子罕》）

⑪ 子曰：“三军可夺帅也，匹夫不可夺志也。”（《子罕》）

⑫ 子夏曰：“博学而笃志，切问而近思，仁在其中矣。”（《子张》）

译文：

① 孔子说：“学了（知识）然后按一定的时间复习它，不也是很愉快吗？有志同道合的人从远方来，不也是很快乐吗？人家不了解我，我却不恼怒，不也是道德上有修养的人吗？”

② 曾子说：“我每天多次反省自己：替别人办事是不是尽心竭力了呢？同朋友交往是不是诚实可信了呢？老师传授的知识是不是复习了呢？”

③ 孔子说：“我十五岁开始有志于做学问，三十岁能独立做事情，四十岁（遇事）能不迷惑，五十岁知道哪些是不能为人力所支配的事情，六十岁能听得进不同的意见，到七十岁才做事才能随心所欲，不会超过规矩。”

④ 孔子说：“温习学过的知识，可以从中获得新的理解与体会，那么就可以凭借这一点去做老师了。”

⑤ 孔子说：“只学习却不思考，就会迷惑；只空想却不学习，就会疑惑。”

⑥ 孔子说：“颜回的品质是多么高尚啊！一竹篮饭，一瓢水，住在简陋的小巷子里，别人都忍受不了这种穷困清苦，颜回却没有改变他好学的乐趣。颜回的品质是多么高尚啊！”

⑦ 孔子说：“知道学习的人比不上爱好学习的人；爱好学习的人比不上以学习为乐趣的人。”

⑧ 孔子说：“我整天吃粗粮，喝冷水，弯着胳膊做枕头，也自得其乐。用不正当的手段得来的富贵，我把它看作天上的浮云。”

⑨ 孔子说：“多个人同行，其中必定有人可以做我的老师。我选择他好的方面向他学习，看到他不善的方面就对照自己改正自己的缺点。”

⑩ 孔子在河边感叹道：“时光像流水一样消逝， 日夜不停。”

⑪ 孔子说：“军队的主帅可以改变，普通人的志气却不可改变。”

⑫ 子夏说：“博览群书广泛学习，而且能坚守自己的志向，恳切地提问，多考虑当前的事，仁德就在其中了。”

记忆：

第一步，找固定的人物：

张三、李四、王五、马六、赵、钱、孙、李、唐僧、悟空、八戒、沙僧

第二步，联想：

① 张三：张三在那里复习功课，感觉很愉快。一会儿他的一个远方朋友来了，他感觉很愉快。但那个人却不了解他，他也没有感到恼怒，说明张三道德修养很高。

② 李四：李四每天多次反省自己：替别人办事是不是尽心竭力了呢？同朋友交往是不是诚实可信了呢？老师传授的知识是不是复习了呢？

③ 王五：王五这个人很怪，他十五岁开始有志于做学问，三十岁能独立做事情，四十岁（遇事）能不迷惑，五十岁知道哪些是不能为人力所支配的事情，六十岁能听得进不同的意见，到七十岁才做事才能随心所欲，不会超过规矩。

④ 马六：马六每天温习学过的知识，而且可以从中获得新的理解与体会，凭借这一点他就可以去做老师了。

⑤ 赵：赵先生说："只学习却不思考，就会迷惑；只空想却不学习，就会疑惑。"

⑥ 钱：钱先生的儿子颜回的品质是多么高尚啊！他只有一竹篮饭，一瓢水，住在简陋的小巷子里，别人都忍受不了这种穷困清苦，他却没有改变他好学的乐趣。颜回的品质是多么高尚啊！

⑦ 孙：孙先生知道学习的人比不上爱好学习的人；爱好学习的人比不上以学习为乐趣的人。

⑧ 李：李先生整天吃粗粮，喝冷水，弯着胳膊做枕头，但他自得其乐。那些用不正当的手段得来的富贵，他把它看作天上的浮云。

⑨ 唐僧：唐僧对徒弟们说："多个人同行，其中必定有人可以做我的老师。选择他好的方面向他学习，看到他不善的方面就对照自己改正自己的缺点。"

⑩ 悟空：悟空在河边感叹道："时光像流水一样消逝，日夜不停。"

⑪ 八戒：八戒说："军队的主帅可以改变，普通人的志气却不可改变。"

⑫ 沙僧：子夏对沙僧说："博览群书广泛学习，而且能坚守自己的志向，恳切地提问，多考虑当前的事，仁德就在其中了。"

第三步，快速复习回忆全文。

8. 动物定桩法之十二生肖

记忆《弟子规》部分篇章

兄道友　弟道恭　兄弟睦　孝在中

财物轻　怨何生　言语忍　忿自泯

或饮食　或坐走　长者先　幼者后

长人呼　即代叫　人不在　己先到

称尊长　勿呼名　对尊长　勿见能

路遇长　疾趋揖　长无言　退恭立

骑下马　乘下车　过犹待　百步馀

长者立　幼勿坐　长者坐　命乃坐

尊长前　声要低　低不闻　却非宜

进必趋　退必迟　问起对　视勿移

事诸父　如事父　事诸兄　如事兄

第一步，找固定动物桩（十二生肖）：鼠、牛、虎、兔、龙、马、羊、猴、鸡、狗共 12 个。

核心要点：第一，想象画面要清晰；第二，要亲身经历画面；

记忆靠的是图像，每个人思维习惯不一样，文字表达只有引导作用，自己可以想象更加丰富。

第二步，联想记忆：

兄道友，弟道恭，兄弟睦，孝在中（鼠）

译文：当哥哥姐姐的要能友爱弟妹，做弟妹的应做到恭敬兄姐，这样兄弟姐妹就能和睦而减少冲突，父母心中就快乐。在这和睦当中就存在孝道。

记忆：想象画面——在一个老鼠窝里，哥哥和姐姐能够对自己的弟弟妹妹很友爱，弟弟妹妹很恭敬兄长和姐姐。兄弟之间和睦相处，父母很高兴，也算是一种敬孝的表现。

财物轻，怨何生，言语忍，忿自泯（牛）

译文：把身外所用的钱财物品看轻点，少计较，兄弟之间就不会产生怨恨；讲话时不要太冲动，伤感情的话要能忍住不说，那么不必要的冲突怨恨就会消失无踪。

记忆：想象画面——一只老黄牛把财物看得很轻，别人就不会产生怨恨；牛讲话时从来不冲动，不说伤感情的话，所以愤怒自然消除。

或饮食，或坐走，长者先，幼者后（虎）

译文：不管是吃东西或喝饮料，要请长辈先用；如果和长辈坐在一起，要请长辈先坐；如果和长辈走在一起，应让长辈先走。

记忆：想象画面——老虎很礼貌，吃喝先让长辈；看见长辈来，也请长辈先坐；和长辈走在一起，也先让长辈走，这就是虎王的气度。

长呼人，即代叫，人不在，已先到（兔）

译文：长辈呼叫人时，自己听见了，要替长辈去传唤。如果所叫的人不在时，自己应当回来报告长辈，更能进一步请问长辈，有没有需要帮忙的事情。

记忆：想象画面——一只兔子听见长辈在呼唤一个朋友，它马上去帮忙传唤。还有一次，它发现同伴不在，就主动跑过去问长辈有什么需要帮忙的。

长长的兔子在呼唤人，鸡代叫，人不在，鸡先到了。

称尊长，勿呼名，对尊长，勿见能（龙）

译文：称呼长辈时，不可以直呼长辈的名字，那是不礼貌的行为；在长辈面前，不要表现自己很有才能，藐视长辈。

记忆：想象画面——龙在称呼长辈时从来不直呼长辈的名字，因为那是不礼貌的；龙在长辈面前从不表现自己很有才能，从不藐视长辈。

骑下马，乘下车，过犹待，百步余（马）

译文：如果自己是骑马的，遇到长辈就应该下马，如果乘坐车辆就应该下车，让长辈先过去，等待大约离我们百步的距离以后，自己才上马或上车。

记忆：想象画面——有个人骑着马，遇到长辈就下马了；有个人乘坐车辆，看到长辈，就等对方离开大概百步的距离后，才上马或上车。

长者立，幼勿坐，长者坐，命乃坐（羊）

译文：长辈站着，晚辈一定站着；长辈坐下，吩咐我们坐下，我们才坐。

记忆：想象画面——一只山羊公公站着，其它小羊羔也站着；山羊公公坐下，并且吩咐其他小羊羔坐下，它们才坐。

尊长前，声要低，低不闻，却非宜（猴）

译文：在长辈面前讲话，声音要低，但是回答的声音，低到听不清楚，那也不适当，要和颜悦色，声音要柔和清楚才好。

记忆：想象画面——一只长得像猴子的人，在长辈面前讲话，声音很低，但是回答的声音太小了低到听不清楚，那也不合适。所以他又变得和颜悦色，声音柔和清晰。

进必趋，迟必退，问起对，视勿移（鸡）

译文：长辈有事要赶紧趋前，离开时则从容缓慢；长辈相问，起立作答再坐下，视线勿移开。

记忆：想象画面——一只小鸡看到长辈有事，就赶紧跑过去，离开时从容缓慢；长辈在问它问题，它就起立作答再坐下，视线从不离开。

事诸父，如事父，事诸兄，如事兄（狗）

译文：对待叔叔伯伯，要像对待自己的父亲一样恭敬，对待同族兄长，要像对待自己的胞兄一样友爱。

记忆：想象画面——狗娃对待自己的叔叔伯伯，像对待父亲一样恭敬；对待同族兄长，像对待自己亲兄弟一样。

9. 动物定桩法之大象

记忆《弟子规》部分篇章

亲爱我　孝何难　亲憎我　孝方贤

亲有过　谏使更　怡吾色　柔吾声

谏不入　悦复谏　号泣随　挞无怨

亲有疾　药先尝　昼夜侍　不离床

丧三年　常悲咽　居处变　酒肉绝

丧尽礼　祭尽诚　事死者　如事生

第一步，找大象固定顺序的部位：象鼻、象牙、象耳、象身、象腿、象尾共 6 个。

第二步，联想记忆：

亲爱我，孝何难，亲恶我，孝方贤（象鼻）

译文：当父母亲喜爱我们的时候，孝顺是很容易的事；当父母亲不喜欢我们，或者管教过于严厉的时候，我们一样孝顺，而且还能够自己反省检点，体会父母的心意，努力改过并且做得更好，这种孝顺的行为最是难能可贵。

记忆：想象画面——大象亲了一下小象的鼻子，这是爱的表现，然后小象就很孝顺、很听话。大象踢了小象一脚，小象依然很孝顺，这是难能可贵的。

接下来自己尝试着记忆。

亲有过，谏使更，怡吾色，柔无声（象牙）

译文：父母亲有过错的时候，应小心劝导改过向善，劝导时态度要诚恳，声音必须柔和，并且和颜悦色，（子夏问孝。子曰：“色难。”）

记忆：想象画面 ______________________________

谏不入，悦复谏，号泣随，挞无怨（象耳）

译文：如果父母不听规劝，要耐心等待，一有适当时机，例如父母情绪好转或是高兴的时候，再继续劝导；如果父母仍然不接受，甚至生气，此时我们虽难过得痛哭流涕，也要恳求父母改过，纵然遭遇到责打，也无怨无悔，以免陷父母于不义，使父母一错再错，铸成大错。

记忆：想象画面 ________________________________

亲有疾，药先尝，昼夜侍，不离床（象身）

译文：父母亲病了，吃的药要自己先尝一下，看看是不是太苦、太烫；父母亲病倒在床上，要日夜护理，不离开他们的身边。

记忆：想象画面 ________________________________

丧三年，常悲咽，居处变，酒肉绝（象腿）

译文：父母去世之后，守孝期间（古礼三年），要常常追思、感怀父母教养的恩德。自己的生活起居必须调整改变，不能贪图享受，应该戒绝酒肉。

记忆：想象画面 ________________________________

丧尽礼，祭尽诚，事死者，如事生（象尾）

译文：办理父母亲的丧事要哀戚合乎礼节，不可草率马虎，也不可以为了面子铺张浪费，才是真孝顺。祭拜时应诚心诚意，对待已经去世的父母，要如同生前一样恭敬。

记忆：想象画面 ________________________________

10. 汽车定桩法

记忆古诗文《陋室铭》

山不在高，有仙则名。

水不在深，有龙则灵。

斯是陋室，惟吾德馨。

苔痕上阶绿，草色入帘青。

谈笑有鸿儒，往来无白丁。

可以调素琴，阅金经。

无丝竹之乱耳，无案牍之劳形。

南阳诸葛庐，西蜀子云亭。

孔子云：何陋之有？

译文：

山不在于高，有了神仙就出名。

水不在于深，有了龙就显得有了灵气。

这是简陋的房子，只是我（住屋的人）品德好（就感觉不到简陋了）。

长到台阶上的苔痕颜色碧绿；草色青葱，映入帘中。

到这里谈笑的都是知识渊博的大学者，交往的没有知识浅薄的人。

可以弹奏不加装饰的古琴，阅读佛经。

没有奏乐的声音扰乱双耳，没有官府的公文使身体劳累。

南阳有诸葛亮的草庐，西蜀有扬子云的亭子。

孔子说：“有什么简陋的呢？”

记忆：

第一步，找汽车桩：车轮、车灯、奔驰标志、玻璃、车顶、方向盘、前排、后排、后备箱、排气管。

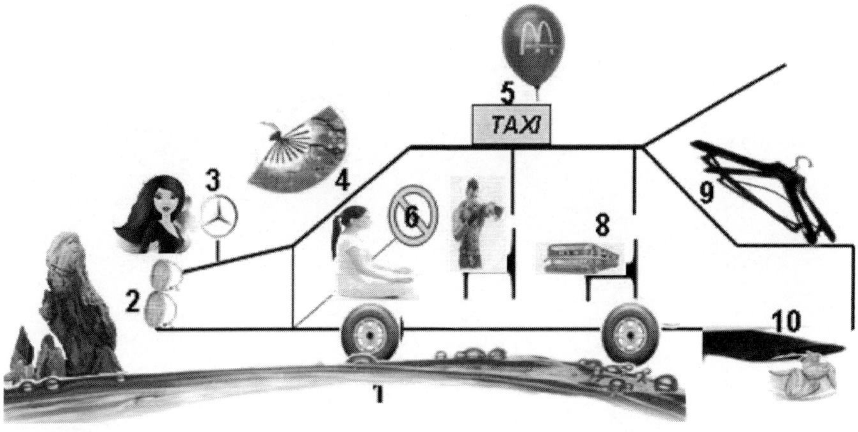

第二步，联想记忆：

想象有一个山上的神仙被车轮压住了。

想象车灯撞到了水中的一条龙。

想象奔驰标志，只有有德行的人才配拥有它。

想象玻璃上有很多苔藓痕迹和青色的小草。

想象车顶上有很多有学问的人，他们不和没有学问的人交往。

想象把握方向盘上的人一边开车还一边弹琴一边看书。

想象前排上有音乐响起，还有很多公文。

想象后排做着名人诸葛亮和杨子云。

想象孔子在后备箱说没有什么简陋的。

第三步，快速复习全诗文。

第二节 如何记忆现代文

1. 连锁串联法

技巧：①在每一句诗文找出相应关键词；

②对关键词进行联想串联；

③通过关键词快速回忆全文。

（1）记忆现代诗文《天上的街市》

远远的街灯明了，

好像闪着无数的明星。

天上的明星现了，

好像点着无数的街灯。

我想那缥缈 (piaomiao) 的空中，
定然有美丽的街市。
街市上陈列的一些物品，
定然是世上没有的珍奇。
你看，那浅浅的天河，
定然是不甚宽广。
那隔着河的牛郎织女，
定能够骑着牛儿来往。
我想他们此刻，
定然在天街闲游。
不信，请看那朵流星，
是他们提着灯笼在走。

记忆：

第一步，找关键词：街灯、明星、好像、缥缈、定然、街市、世上、天河、宽广、牛郎、牛儿、我想、闲游、不信、灯笼。

第二步，联想串联：街灯下有个明星，她好像很缥缈，定然是街市，她说世上的天河很宽广，宽广的牛郎牵着牛儿，牛儿说我想闲游，不信可以问问灯笼。

第三步，根据这些记下的关键词快速回忆全文。

（2）记忆现代诗文《世间最难的是相遇》

我觉得人世间最难的便是相遇。
我们每天与很多张面孔擦肩而过，
但这不是相遇；
我们不停地认识一些新人，
彼此交换名片，互相开着玩笑，

这也不是相遇；

只有在最初见面的时候，

你就突然觉得心里起了一些异样的情绪，

或者是模糊感觉到它埋伏在你身体里，

那才是相遇；

只有在第一次见面后的很多天，

你回忆起那一刻，

心里充满怅惘或者甜蜜，

那才是相遇；

看你爱情气息的熟悉脸孔，

所有往事心情尘埃四起，

那才是相遇。

两个合适的人，一个合适的时机，

一个合适的地方，一种合适的情绪，

才能促成一次相遇。

相遇让我们如此美丽，

让生命如此多情，

但是相遇又是那么难。

我想起张爱玲的一段话：

于千万人之中遇见你所遇见的人，

于千万年之中，时间的无涯的荒野里，

没有早一步，也没有晚一步，

刚巧赶上了，那也没有别的话可说，

唯有轻轻的问一声：

“噢，你也在这里吗？”

我们像是赶一场宿约，

冥冥之中，于千万人之中，

就那样碰上了，我不相信那是偶然，

我更愿意相信那是命运的垂青。

于千万人之中，独独遇见你，

已是小概率事件，

与千万人之中，与你相识，相知，

更是小小概率事件。

认识你，已足够好。

一万年太久，我只争朝夕。

在可以预见的未来，

我想珍惜，此时此刻的你，和我们。

即便有一天，就此别过，

就让它化作一颗流星，

在我脑子里留下完美的记忆。

没有怨恨，没有悔过，

只是遗憾罢了，淡淡的说一声，珍重。

记忆：

第一步，找关键词：相遇、擦肩而过、不是、新人、名片、也不是、最初见面、情绪、模糊、那才是、第一次、回忆、心里充满、那才是、看你、所有往事、那才是、合适、一个、才能促成、如此美丽、如此多情、那么难、张爱玲、千万人、千万年、早一步、刚巧赶上、问一声、这里、宿约、冥冥之中、碰上了、垂青、遇见你、小概率、与你相识、小概率、认识你、一万年、预见、珍惜、即便、流星、记忆、没有、遗憾。

第二步，联想串联：我与她相遇，然后擦肩而过，她不是一个新人，因为她的名片上也不是我最初见面的那张，我们最初见面时她情绪很模糊，模糊得我感觉那才是我第一次回忆起她，当时心里充满喜悦，明白那才是她看你所有往事原因；那才是合适你的一个人，只有她才能促成如此美丽、如此多情的你，我觉得那么难，张爱玲说千万人经过千万年以后，早一步的话，刚巧赶上她，她问一声，这里是不是我们的宿约，我在冥冥之中碰上了你，你垂青于我，我觉得遇见你是小概率的事，与你相识也是小概率的，认识你，我希望一万年以后还能预见一切，好好珍惜，即便是看到流星，我也能有我们的记忆，就会没有遗憾。

第三步，根据熟记的关键词快速复习回忆文章。

（3）记忆《秋天》 何其芳

震落了清晨满披着的露珠，

伐木声丁丁地飘出幽谷。

放下饱食过稻香的镰刀，

用背篓来装竹篱间肥硕的瓜果。

秋天栖息在农家里。

向江面的冷雾撒下圆圆的网，

收起青鳊鱼似的乌桕叶的影子。

芦蓬上满载着白霜，

轻轻摇着归泊的小桨。

秋天游戏在渔船上。

草野在蟋蟀声中更寥阔了。

溪水因枯涸见石更清冽了。

牛背上的笛声何处去了，

那满流着夏夜的香与热的笛孔？

秋天梦寐在牧羊女的眼里。

2. 情景画面法

情景画面法就是对一篇文章在脑海中进行画图，根据图像原理来快速记忆文章。

步骤：

①找空间，因为一篇文章有很多图像，这就需要一个很大的空间存放图像；

②关键词图像转换，要根据记忆的需要对一篇文章的所有关键词进行图像转换；

③图像与画面整理，把之前转换的图像和画面按顺序整理出来；

④根据图像与画面快速复习回忆全文。

（1）记忆《西沙群岛》。本书在前面介绍情景画面法时就详细分析过这篇文章。

（2）记忆《桂林山水》。

人们都说："桂林山水甲天下。"我们乘着木船，荡漾在漓江上，来观赏桂林的山水。

我看见过波澜壮阔的大海，玩赏过水平如镜的西湖，却从没看见过漓江这样的水。漓江的水真静啊，静得让你感觉不到它在流动；漓江的水真清啊，清得可以看见江底的沙石；漓江的水真绿啊，绿得仿佛那是一块无瑕的翡翠。船桨激起的微波扩散出一道道水纹，才让你感觉到船在前进，岸在后移。

我攀登过峰峦雄伟的泰山，游览过红叶似火的香山，却从没看见过桂林这一带的山，桂林的山真奇啊，一座座拔地而起，各不相连，像老人，像巨象，像骆驼，奇峰罗列，形态万千；桂林的山真秀啊，像翠绿的屏障，像新生的竹笋，色彩明丽，倒映水中；桂林的山真险啊，危峰兀立，怪石嶙峋，好像一不小心就会栽倒下来。

这样的山围绕着这样的水，这样的水倒映着这样的山，再加上空中云雾迷蒙，山间绿树红花，江上竹筏小舟，让你感到像是走进了连绵不断的画卷，真是“舟行碧波上，人在画中游”。

记忆：

第一步，想象画面；

第二步，整理画面；

奖杯——代表甲天下；

第三步，尝试回忆。

（3）背诵课文《两只鸟蛋》

我从树杈上取下两只鸟蛋，

小小的鸟蛋凉凉的，

拿在手上真好玩。

妈妈看见了，说：

两只鸟蛋就是两只小鸟，

鸟妈妈这会儿一定焦急不安！

我小心地捧着鸟蛋，

连忙走到树边，

轻轻地把鸟蛋送还。

我仿佛听见鸟儿的欢唱，

抬起头来，

把目光投向高远的蓝天。

记忆：

第一步，想象画面；

第二步，整理画面细节；

第三步，尝试回忆。

（4）记忆课文《记金华的双龙洞》第二段

双龙洞景观出金华城大约五公里到罗店，过了罗店就渐渐入山。公路盘曲而上。山上开满了映山红，无论花朵和叶子，都比盆栽的杜鹃显得有精神。油桐也正开花，这儿一丛，那儿一簇，很不少。山上沙土呈粉红色，在别处似乎没有见过。粉红色的山，各色的映山红，再加上或浓或淡的新绿，眼前一片明艳。

记忆：

第一步，想象画面；

第二步，整理画面细节；

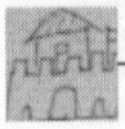——代表金华城；——代表罗店；太阳——代表明艳；

第三步，尝试回忆。

（5）记忆课文《找春天》

我们几个孩子，脱掉棉袄，冲出家门，奔向田野，去寻找春天。

春天像个害羞的小姑娘，遮遮掩掩，躲躲藏藏。我们仔细地找啊，找啊。

小草从地下探出头来，那是春天的眉毛吧？

早开的野花一朵两朵，那是春天的眼睛吧？

树木吐出点点嫩芽，那是春天的音符吧？

解冻的小溪丁丁冬冬，那是春天的琴声吧？

春天来了！我们看到了她，我们听到了她，我们闻到了她，我们触到了她。她在柳枝上荡秋千，在风筝尾巴上摇啊摇；她在喜鹊、杜鹃嘴里叫，在桃花、杏花枝头笑……

记忆：

第一步，想象画面；

第二步，整理画面细节；

柳树——代表春天；两个小人——代表我们；衣服——代表棉袄；门——代表家门；

女孩——代表害羞的小姑娘；笼子和树干上的小孩——代表躲藏；足迹——代表到处找；

小草、眉毛——代表小草从地下探出头来，那是春天的眉毛吧？

小花、眼睛——代表早开的野花一朵两朵，那是春天的眼睛吧？

树丫、音符——代表树木吐出点点嫩芽，那是春天的音符吧？

小溪、音符、琴——代表解冻的小溪丁丁冬冬，那是春天的琴声吧？

柳树——代表春天；一个人头的眼睛、耳朵、鼻子——代表我们看到了她，我们听到了她，我们闻到了她，我们触到了她；

秋千、风筝——代表她在柳枝上荡秋千，在风筝尾巴上摇啊摇；

树上的小鸟——代表她在喜鹊、杜鹃嘴里叫，在桃花、杏花枝头笑……

第三步，尝试回忆。

（6）记忆课文《燕子》

一身乌黑光亮的羽毛，一对俊俏轻快的翅膀，加上剪刀似的尾巴，凑成了活泼机灵的小燕子。

才下过几阵蒙蒙的细雨。微风吹拂着千万条才展开带黄色的嫩叶的柳丝。青的草，绿的叶，各色鲜艳的花，都像赶集似的聚拢过来，形成了光彩夺目的春天。小燕子从南方赶来，为春光增添了许多生机。

在微风中，在阳光中，燕子斜着身子在天空中掠过，唧唧地叫着，有的由这边的稻田上，一转眼飞到了那边的柳树下边；有的横掠过湖面，尾尖偶尔沾了一下水面，就看到波纹一圈一圈地荡漾开去。

几对燕子飞倦了，落在电线上。蓝蓝的天空，电杆之间连着几痕细线，多么像五线谱啊，停着的燕子成了音符，谱出一支正待演奏的春天的赞歌。

记忆：

第一步，想象画面；

第二步，整理画面细节；

按照从左到右的顺序一一对应原文；

话筒——代表赞歌；圈圈——代表水波；

第三步，尝试回忆。

3. 定桩法之地点定桩法

（1）记忆朱自清《匆匆》

燕子去了，有再来的时候；杨柳枯了，有再青的时候；桃花谢了，有再开的时候。但是，聪明的，你告诉我，我们的日子为什么一去不复返呢？——是有人偷了它们罢：那是谁？又藏在何处呢？是它们自己逃走了罢：现在又到了哪里呢？

我不知道他们给了我多少日子，但我的手确乎是渐渐空虚了。在默默里算着，八千多个日子已经从我手中溜去，像针尖上一滴水滴在大海里，我的日子滴在时间的流里，没有声音，也没有影子。我不禁头涔涔而泪潸潸了。

去的尽管去了，来的尽管来着；去来的中间，又怎样地匆匆呢？早上我起来的时候，小屋里射进两三方斜斜的太阳。太阳它有脚啊，轻轻悄悄地挪移了，我也茫茫然跟着旋转。于是，洗手的时候，日子从水盆里过去；吃饭的时候，日子从饭碗里过去；默默时，便从凝然的双眼前过去。

记忆：

第一步，分句，分段。

① 燕子去了，有再来的时候；杨柳枯了，有再青的时候；桃花谢了，有再开的时候。但是，聪明的，你告诉我，我们的日子为什么一去不复返呢？

②——是有人偷了它们罢：那是谁？又藏在何处呢？是它们自己逃走了罢：现在又到了哪里呢？

③ 我不知道他们给了我多少日子，但我的手确乎是渐渐空虚了。

④ 在默默里算着，八千多个日子已经从我手中溜去，像针尖上一滴水滴在

大海里。

⑤ 我的日子滴在时间的流里，没有声音，也没有影子。

⑥ 我不禁头涔涔而泪潸潸了。

⑦ 去的尽管去了，来的尽管来着；去来的中间，又怎样地匆匆呢?

⑧ 早上我起来的时候，小屋里射进两三方斜斜的太阳。

⑨ 太阳它有脚啊，轻轻悄悄地挪移了，我也茫茫然跟着旋转。

⑩ 于是，洗手的时候，日子从水盆里过去；吃饭的时候，日子从饭碗里过去。

⑪ 默默时，便从凝然的双眼前过去。

第二步，找地点。

① 门 ② 木桌子 ③ 柜子 ④ 白板 ⑤ 窗台 ⑥ 玻璃桌 ⑦ 椅子 ⑧ 花盆 ⑨ 沙发 ⑩ 空调 ⑪ 鱼缸 ⑫ 办公桌

第三步，联想记忆。

① 想象门上有只燕子飞来飞去，还有很多柳絮、桃花。

② 想象木桌子上你在对我说，日子一去不复返。

③ 想象柜子里在偷东西。结果东西藏的太隐秘了，找不到了。

④ 想象白板上有个手表——代表日子。还有个憔悴的人——代表空虚。

⑤ 想象窗台上有个人在默默的数着闹钟（日子），有很多针尖的水滴入了大海。

⑥ 想象玻璃桌上有一个闹钟——代表时间。这个闹钟没有声音，也没有影子。

⑦ 想象椅子上有个人在哭，很伤心。

⑧ 想象花盆上有很多人走来走去，手里拿着大葱（匆匆）。

⑨ 想象早晨我从沙发上起来，看见太阳射进来。

⑩ 想象太阳长了两只脚，在空调上挪移和旋转。

⑪ 想象我在鱼缸里洗手，水盆里有个手表——日子；我还在那里吃饭，饭

碗里有个手表——日子。

⑫ 想象办公桌上我眯着双眼看来看去。

第四步，快速复习全文。

4. 思维导图法

（1）记忆《青春》

青春不是年华，而是心境；青春不是桃面、丹唇、柔膝，而是深沉的意志，恢宏的想象，炙热的恋情；青春是生命的深泉在涌流。

青春气贯长虹，勇锐盖过怯弱，进取压倒苟安。如此锐气，二十后生而有之，六旬男子则更多见。年岁有加，并非垂老，理想丢弃，方堕暮年。

岁月悠悠，衰微只及肌肤；热忱抛却，颓废必致灵魂。忧烦，惶恐，丧失自信，定使心灵扭曲，意气如灰。

无论年届花甲，拟或二八芳龄，心中皆有生命之欢乐，奇迹之诱惑，孩童般天真久盛不衰。

人人心中皆有一台天线，只要你从天上人间接受美好、希望、欢乐、勇气和力量的信号，你就青春永驻，风华常存。一旦天线下降，锐气便被冰雪覆盖，玩世不恭、自暴自弃油然而生，即使年方二十，实已垂垂老矣；然则只要树起天线，捕捉乐观信号，你就有望在八十高龄告别尘寰时仍觉年轻。

记忆：

① 快速分析文章；

② 画思维导图；

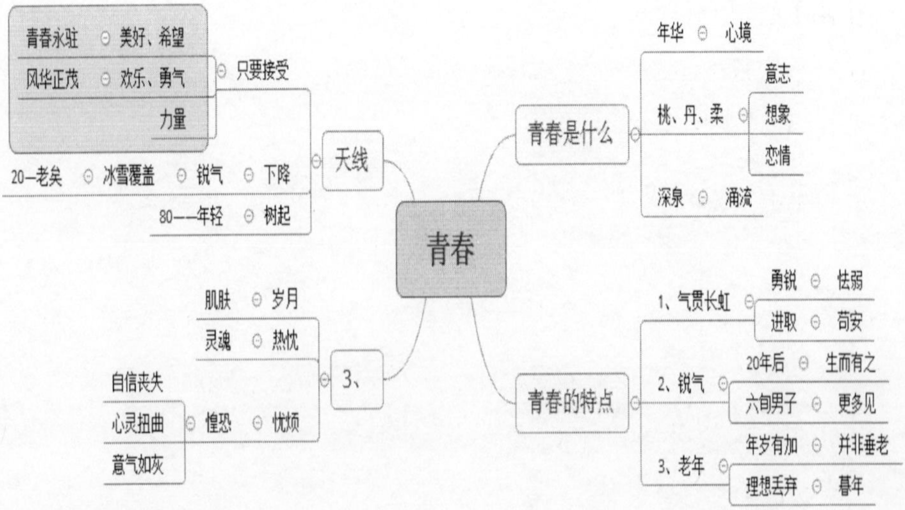

③ 记住思维导图

④ 根据思维导图快速复习文章

第三节　如何记忆政治知识点

关键词串联法

技巧：

① 找关键词。所谓关键词就是最容易帮助你回忆整句话的词；

② 抽象词转形象词。因为政治题往往都是抽象词，为了便于串联记忆，这就需要把抽象词转化成形象词。

常见转化技巧：谐音法、字义法、歇后语法、替换法、图像法

1. 谐音法

谐音法是通过读音找到与抽象词语相同或相近的具体词语（用自己的读音），再浮现心象。

【例】

宋——松鼠；元——元宝；唐——糖；马鞍山——马鞍；博古特——一个博学的古人很特别；

氮——蛋； 氧——氧气瓶；生活——生火 ；经济效益——经济实惠的小衣服

注意：用谐音法时，不要写错别字！

【训练题 】

南宋 德国 埃尔及利亚 缅甸 哈萨克斯坦 菲尔德 捷克斯洛伐克 诺维斯基 剩余价值

氮 傅 斯洛文尼亚 圣彼得堡 斯大林格勒 波兰 瑞典 马来西亚 巴顿

2. 字义法

【例】

矛盾：现在指事物相对立的两个方面，但为了浮现心象，我们可以取字面上的意思，即：“矛”和“盾”，古代的两种兵器。

邯郸学步：比喻模仿别人不到家，反把自己的东西忘了。可以想象一个人在河北邯郸模仿别人走路，结果把自己原来走路的方式忘了。

如虎添翼：比喻强有力的人得到帮助变的更加强有力。可以想象老虎长出了翅膀。

3. 歇后语法

歇后语风趣、生动，在日常生活中，应用较为广泛。一些抽象词语，我们可以用歇后语的方法，浮现心象。

【例】

韭菜拌豆腐——一清二白 ：我们要浮现“一清二白”这个词语的心象，我们便可以浮现“韭菜拌豆腐”的形象。

泥菩萨过江——自身难保：我们要浮现“自身难保”这个词语的心象，我们便可以浮现“泥菩萨过江”的情景。

我们再举三个歇后语，请大家自己尝试着想象那个画面。

孕妇过独木桥——挺（铤）儿走险

哑巴吃黄连——有苦说不出

黄连树下唱调——苦中作乐

训练题：将下列词语用取字面意的方法转换为心象

自相矛盾 门庭若市 川流不息 掩耳盗铃 刻舟求剑 亡羊补牢 画蛇添足 叶公好龙

4. 替换法

【例】

湖北——武汉——武汉长江大桥（黄鹤楼）

北京——天安门

张家界——天门山

骑士队——詹姆斯

飞翔——刘翔

澳大利亚——悉尼——悉尼歌剧院

新西兰——奶牛

法律——法官、法槌等

安全——警察

中国馆——五星红旗

英雄——武松

胆小——老鼠

笨蛋——驴

雷厉风行——打雷刮风

猥琐——时迁

政府——市政府的样子

农业——大片的稻田

平等——天平

复杂——一团乱麻

日本——富士山、樱花

5. 图像法

【例 1】

忧来其如何？——想象一个人在那里发愁：这该怎么办呢？

凄怆摧心肝——想象一个人在那里很凄凉，然后拍着胸脯哭天喊地。

凯旋而归——想象凯旋门下面有多的军队胜利归来。

波涛汹涌——想象大海海面上很多浪花很凶的样子。

迷茫——想象在迷宫里的情景。

中央集权——想象所有人都只听皇帝一个人的情景。

【例 2】记忆怎样促进经济又好又快发展

（1）提高创新能力，建设创新型国家，这是国家发展战略的核心，是提高综合国力的关键；

（2）加快转变经济发展方式，推动产业结构优化升级；

（3）统筹城乡发展，建设社会主义新农村；

（5）加强能源资源节约和升天环境保护，增强可持续发展能力；

（6）统筹区域协调发展，缩小区域发展差距。

记忆：

第一步，找关键词：创新、结构、城乡、加强、可持续、区域

第二步，串联：经过创新，出现了一个新结构，这个结构可以用在城乡里，城乡不断加强，然后变成了可持续的区域。

第三步，根据熟记的关键词复习。

【例 3】记忆政府为什么要坚持依法行政

必要性：是贯彻依法治国战略提高行政管理水平的基本要求，体现了对人民负责的原则。

意义：A、有利于保障人民群众权利和自由

B、有利于加强廉政建设，增强政府的权威

C、有利于提高行政管理水平

D、有利于推进社会主义民主法制建设

记忆：

第一步，找关键词：依法、负责、保障、廉政、行政、法制。

第二步，联想串联：我依法当选负责人，负责保障祖国的廉政，有了廉政，国家的行政才能符合法制。

第三步，根据熟记的关键词快速复习。

第四节 如何记忆历史知识点

1. 数字编码法——记忆历史年代

【例】记忆下面历史年代

（1）907 年　后梁建立，唐亡，五代开始

编码：90——酒瓶；7——镰刀

记忆：我喝完一瓶酒，然后拿着镰刀砍了很多后面的高粱，回来后发现唐朝灭亡，五代开始了。

（2）916 年　耶律阿保机建立契丹政权

编码 :91——球衣；6——勺子

记忆：穿着球衣的耶律阿保机建立契丹后给每个人发了一把勺子。

（3）960 年　赵匡胤建立北宋

编码：96——旧炉；0——呼啦圈

记忆：赵匡胤围着旧炉玩呼啦圈，随后建立了北宋。

（4）979 年　北宋结束五代十国分裂局面

编码：97——酒旗；9——口哨

记忆：酒旗下面有个吹口哨的人，告诉大家北宋结束了五代十国的分裂局面。

（5）1005 年　宋辽澶渊之盟

编码：10——棒球；05——手套

记忆：宋辽两国的人拿着棒球，戴着手套，一起制定了澶渊之盟。

（6）1038 年　元昊建立西夏

编码：10——棒球；38——妇女

记忆：元昊拿着棒球，和很多妇女建立了西夏 .

（7）1069 年　王安石开始变法

编码：10——棒球；69——八卦

记忆：王安石打完棒球后，用八卦盘算，然后开始变法。

（8）1115 年　完颜阿骨打建立金

编码：11——梯子；15——鹦鹉

记忆：完颜阿骨打登上梯子，抓住了鹦鹉，然后建立了金朝。

（9）1206 年　成吉思汗建立蒙古政权

编码：12——椅子；06——手枪

记忆：成吉思汗在椅子拿着手枪打败敌人，建立了蒙古政权

（10）1271 年　忽必烈定国号为元

编码：12——椅子；71——鸡翼

记忆：忽必烈坐在椅子上，吃着鸡翼，定国号为元。

2. 谐音法

（1）清军入关是 1644 年，可记作："一路死尸"。因为清军入关尸横遍野。

（2）中日甲午战争爆发于 1894 年，可用谐音记作："一拔就死"。

（3）1898 年 6 月 11 日至 9 月 21 日，历时 103 天的戊戌变法，可记作："戊戌变法，要扒酒吧；路遥遥，酒两舀"。要扒酒吧，即 1989 年；路遥遥，即 6 月 11 日；酒两舀，即 9 月 21 日。

3. 口诀法

【例 1】抗日战争胜利的意义

（1）中国人民抗日战争是 1840 年以来中国反抗外敌入侵取得的完全胜利的民族解放战争。

（2）抗日战争彻底打败了日本侵略者，捍卫了国家主权和领土完整，使

中华民族避免了遭受殖民奴役的厄运。

（3）抗日战争的胜利，弘扬了中华民族的伟大精神，使中国人民空前团结起来，为中国共产党带领中国人民实现彻底的民族独立和人民解放奠定了重要基础，成为中华民族走向复兴的历史转折点。

（4）中国人民抗日战争在战略上策应和支持了盟国作战，为最终战胜世界法西斯反动势力做出了不可磨灭的历史贡献。

记忆：

第一步，找关键词：民族解放、主权、民族独立、反法西斯。

第二步，串联联想："民主民反"。

【例2】《共同纲领》

内容：

①规定中华人民共和国为新民主主义国家；

②实行工人阶级领导的以工农联盟为基础、团结各民主阶级和国内各民族的人民民主专政；

③中华人民共和国境内各民族一律平等；

④规定了经济、军事、外交、文化等方面的基本政策。

意义：

①《共同纲领》是新中国的建国纲领；

②是中国各民主阶级、各民主党派和各族人民大团结的政治基础；

③起着临时宪法的作用。

记忆：

第一步：找关键词：新民主、民主专政、民族平等、基本政策。

第二步：编口诀："三民一策"

【例 3】抗美援朝战争胜利的意义

①抗美援朝的胜利，打破美军不可战胜的神话；

②提高中国国际地位和威望；

③维护了亚洲和世界和平；

④为新中国的社会改革和经济建设赢得了相对稳定的和平环境。

记忆：

第一步，找关键词：神话、威望、和平、环境

第二步，编口诀：神话很有威望，所以拥有和平环境。

【例 4】“大化改新”的基本内容

公元 646 年，日本统治者进行一系列改革，史称“大化改新”：

①大化改新实行“班田收授法”，由国家将天下公田班给公民；

②实行租庸制度，统一租税；

③废除世袭贵族统治制度，建立中央集权体制；

④中央设二官八省，地方设国、郡、里，由中央派人管理。

记忆：

第一步，找关键词：班田、租庸、集权、二八；

第二步，编口诀：“班租集二八”。

4. 思维导图法

思维导图的重点在于思维，画思维导图时一定要全面具体但又要做到详略得当，真正的思维导图高手甚至可以做到对一篇材料直接脑海出图，当然需要经过系统的学习和实战。

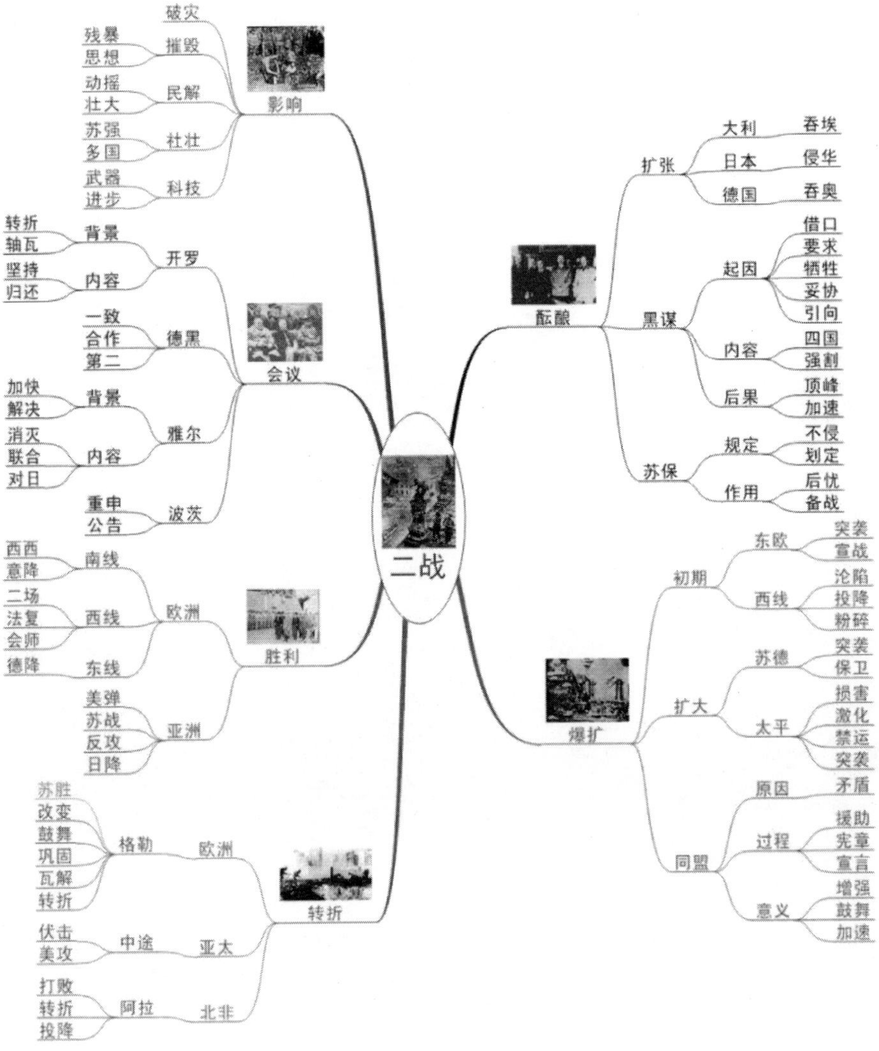

二战思维导图

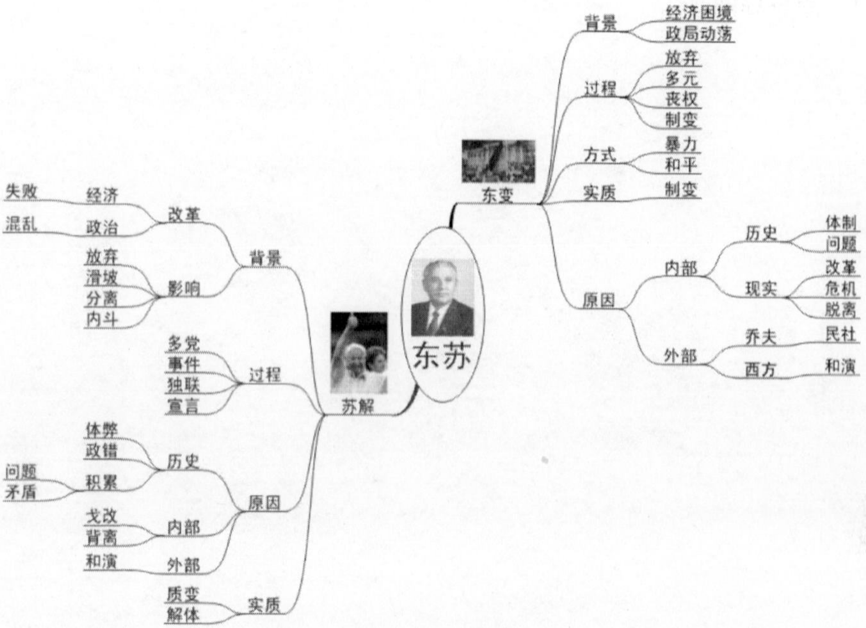

东苏思维导图

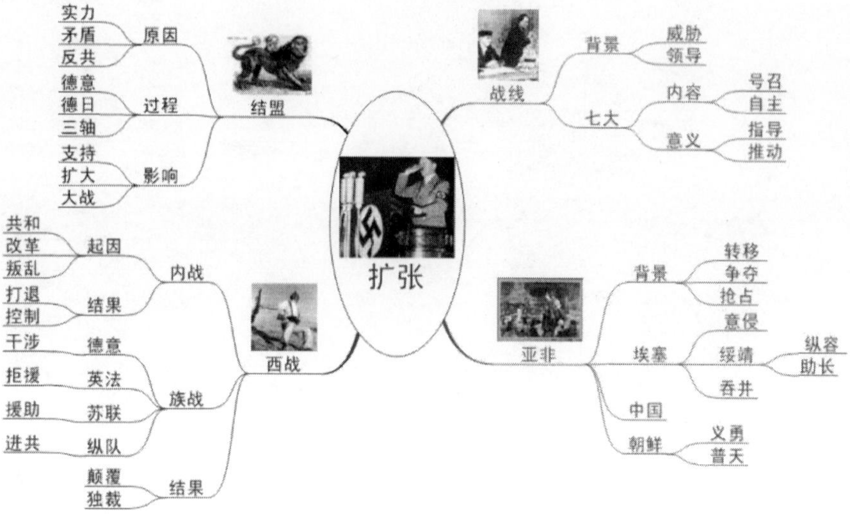

二战扩张思维导图

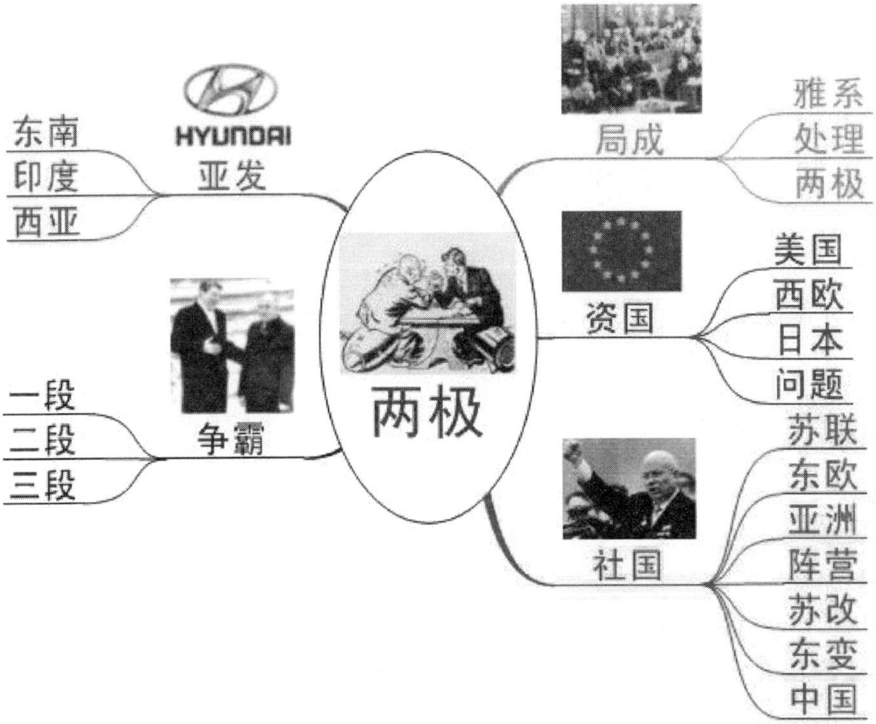

两极思维导图

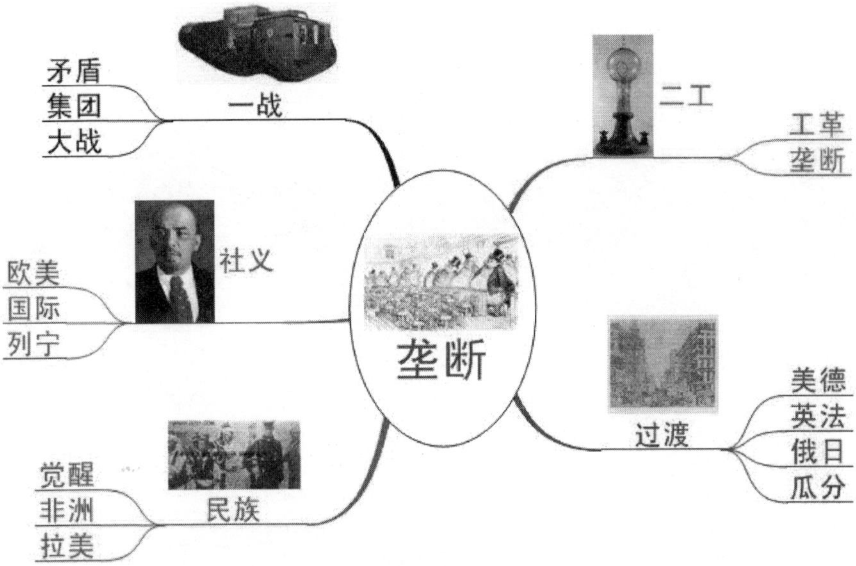

垄断思维导图

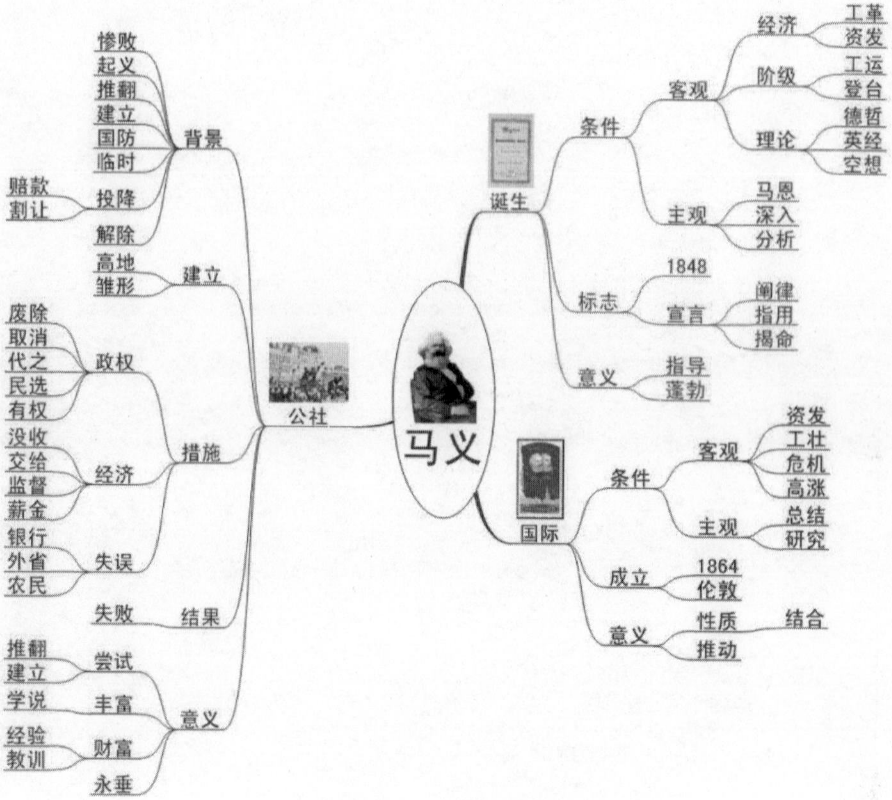

马克思列宁主义思维导图

5. 框架图法

框架图法可以帮助学生减轻阅读量和记忆负担，增强学生的思维能力。

下面这幅框架图全面总结了春秋战国时期的社会经济和社会变革，帮助学生把书本浓缩。

- 春秋战国社会经济和社会改革
  - 社会经济
    - 农业
      - 意义：铁器时代的到来。标志着我国社会生产力的显著提高。
      - 牛耕：提高了耕作效率，是我国农技史上的动力革命。
      - 水利
        - 春秋：楚相孙叔敖修芍陂。
        - 战国：秦国蜀守李冰修都江堰，水工郑国在秦修郑国渠。
    - 手工业
      - 冶金业
        - 冶铸业划时代发展：铸铁柔化技术早欧洲两千年以上。
        - 青铜工艺创新：莲鹤方壶精美绝伦，是春秋中期的珍品。
      - 其它各业
        - 漆器：战国出现采用夹纻技术的精巧漆器。
        - 纺织：麻布纤维相当细密，长沙战国楚墓出土有实物。
        - 煮盐：山西池盐、山东海盐和四川井盐都已开发。
        - 酿酒：能用曲造酒，这是酿造技术的重要发明。
      - 《考工记》
        - 内容
          - 战国时期出现的手工业工艺专著。
          - 记述了齐国官营手工业各个工种的设计规范和制造工艺。
        - 价值：我国工程技术发展史上地位重要，当时世界上也独一无二。
    - 商业
      - 特点：各地土特产品交流，中原市场有南方象牙、北方马、东方鱼盐和西方皮革。
      - 城市：齐临淄、赵邯郸、楚郢。各国政治中心，同时也是商业中心。
  - 社会变革
    - 经济基础（井田制瓦解）
      - ①原因：由于使用铁器和推广牛耕，大量荒地被开垦，出现许多公田以外的私田。
      - ②表现：私田主人控制私田产品，不交给国君，并采用封建土地所有制的剥削方式，种田的人转变为封建农民，私田主人成为封建地主。
      - ③结果：战国时，奴隶主土地国有制大部被封建土地私有制代替。
    - 各国变法（上层建筑）
      - 特点：用赋税制度和法律条文将封建土地所有制法定下来。
      - 春秋：管仲“相地而衰征”和鲁国“初税亩”都逐步承认土地私有。
      - 战国
        - 原因：新兴地主随经济、政治势力壮大，要求废除奴隶主贵族特权，发展封建经济，建立地主阶级统治。
        - 代表：魏李悝变法、楚吴起变法、秦商鞅变法。
        - 结果：在变法运动中，新的封建制度在各诸侯国确立起来。
        - 商鞅变法
          - 开始：公元前356年，商鞅被秦孝公任命为左庶人，开始变法。
          - 主要内容
            - ①废除井田制，以法律形式确立土地私有制度。
            - ②重农抑商，奖励耕织。
            - ③奖励军功，按功授爵，贵族无军功不再授爵。
            - ④“令民为什伍”，实行连坐法。
            - ⑤统一度量衡。废分封，行郡县。
            - ⑥明法令，实行法治。
          - 作用影响
            - ①废除了奴隶主的世袭特权，促进了封建经济，加强了新兴地主阶级的中央集权。
            - ②变法后，秦国逐步强盛，为后来统一六国奠定了基础。
            - ③变法措施在秦国延续下去，法家思想在秦国占统治地位。
            - ④严刑峻法和文化高压政策对后来有消极影响。

第五节 如何记忆地理知识

1. 联想想象法

【例 1】记忆欧洲各国家地图

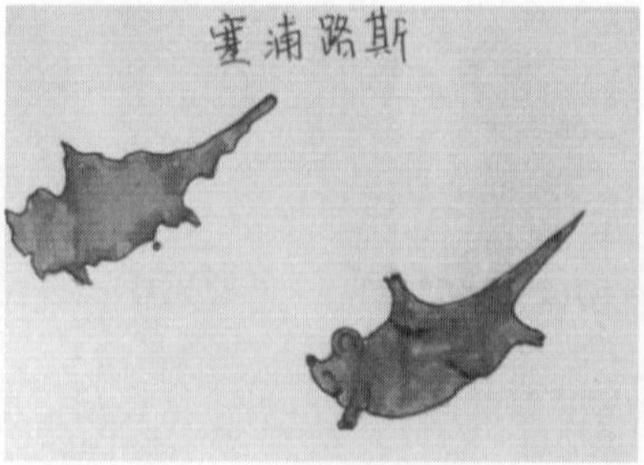

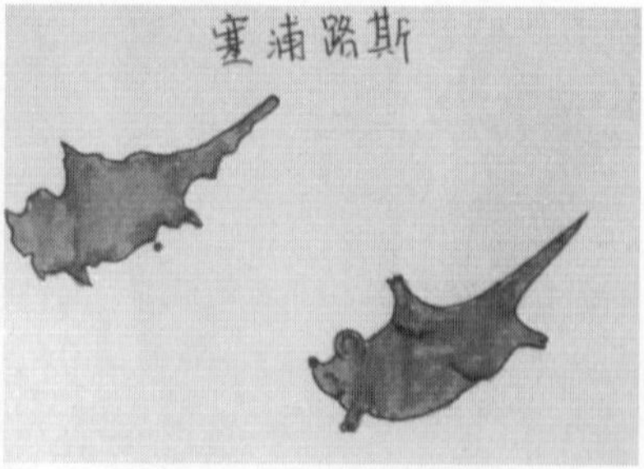

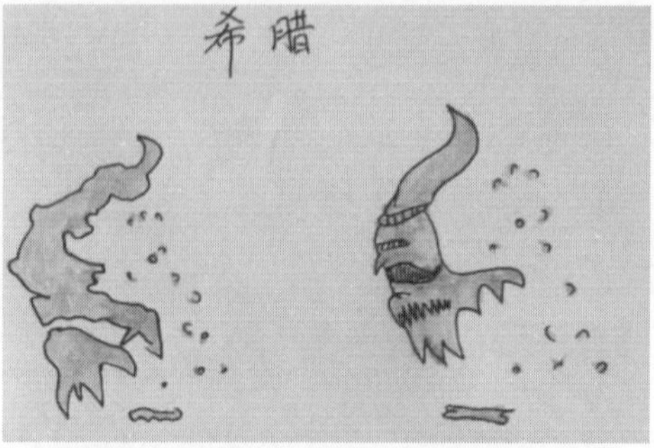

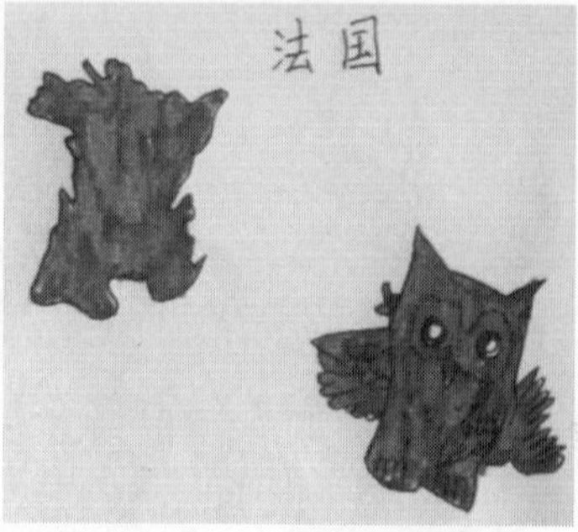

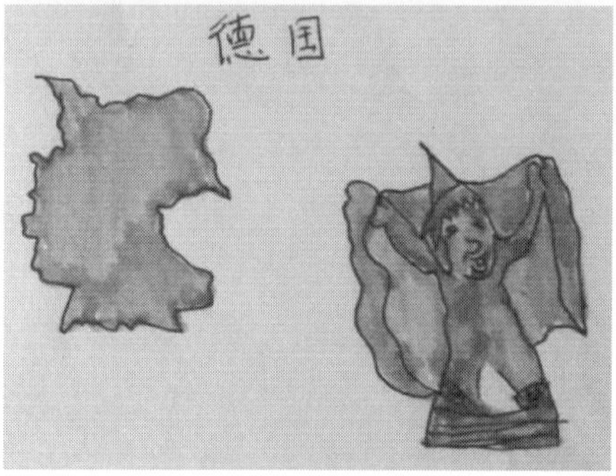

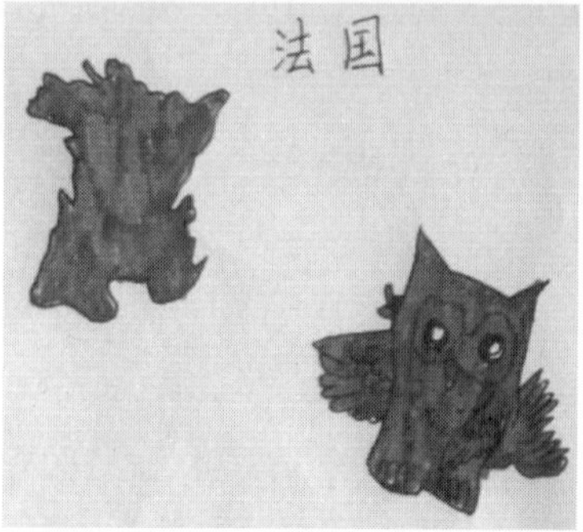

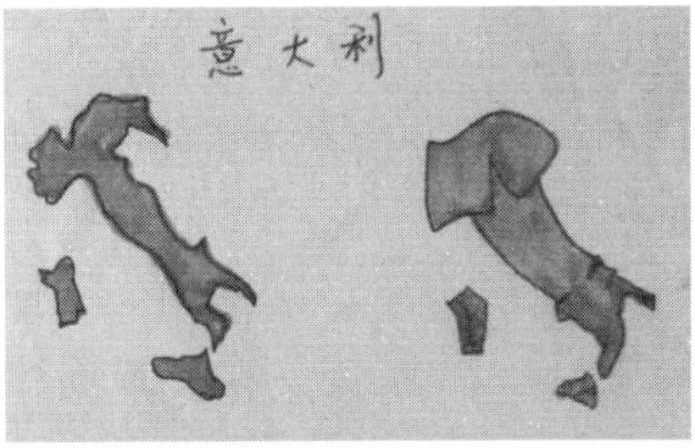
意大利

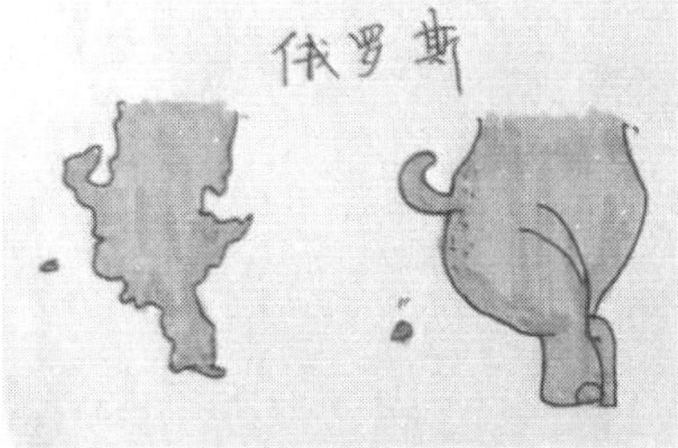
俄罗斯

英国

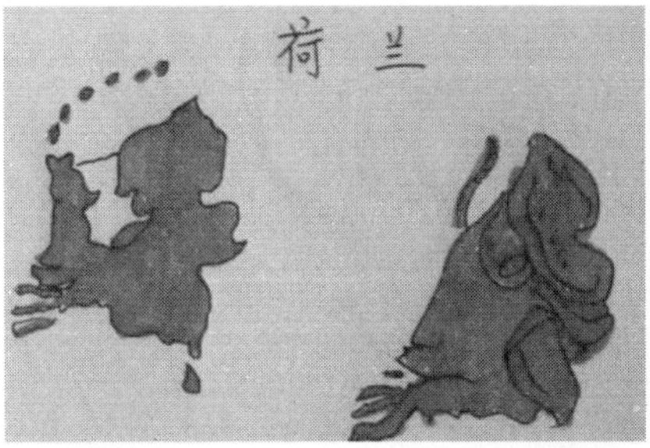
荷兰

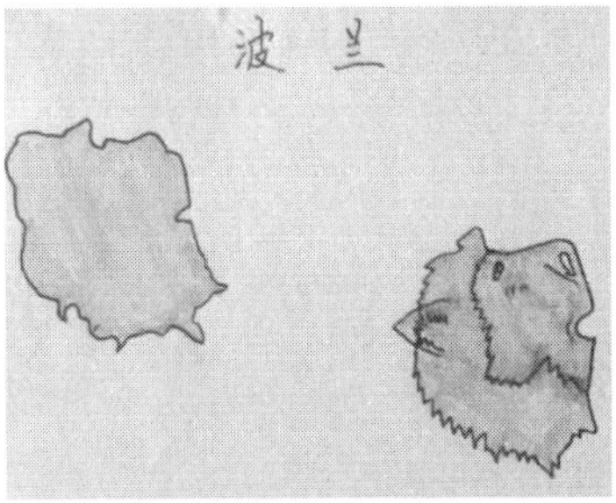
波兰

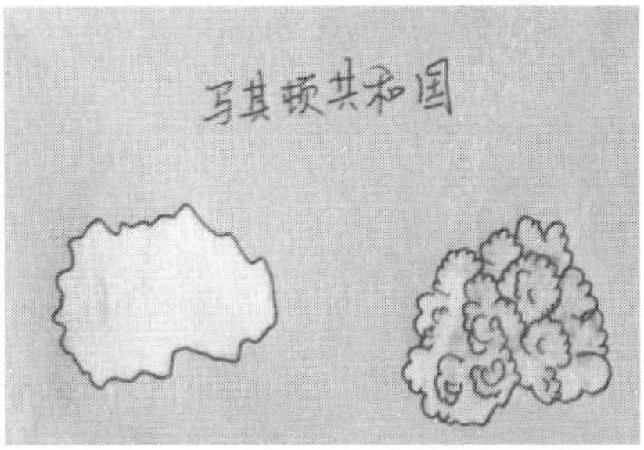
马其顿共和国

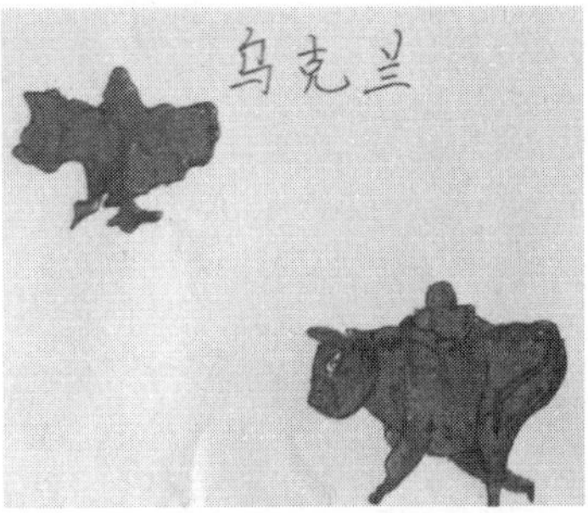
乌克兰

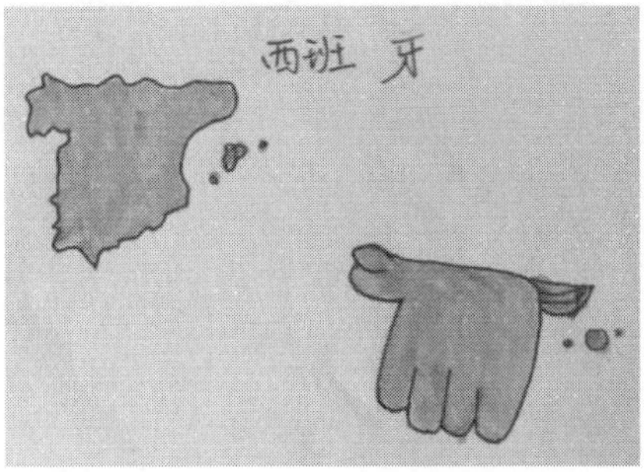
西班牙

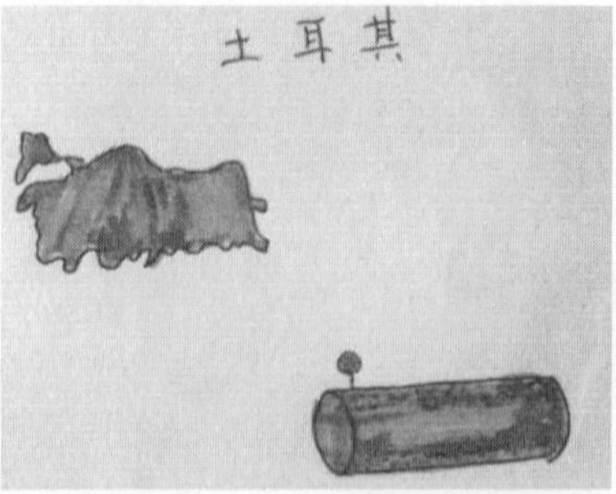

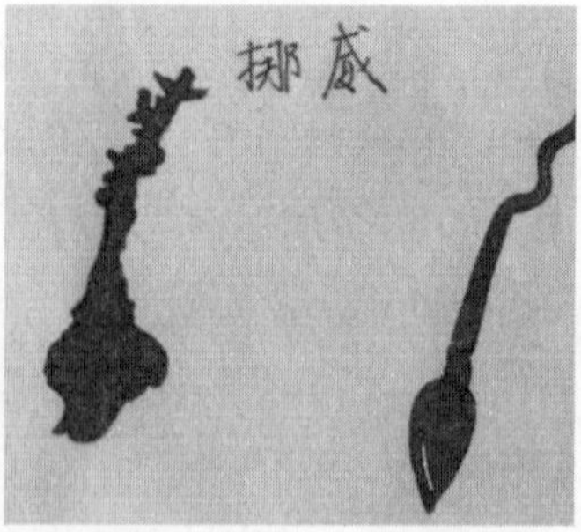

【例 2】地球表面是由陆地和海洋构成，陆地占 29%、海洋占 71%，概括的说是七分海洋，三分陆地，海洋彼此相连成一片，陆地被海洋分成许多块。

记忆：陆地上有很多饿囚（29）；海洋上有很多鸡翼（71）。

【例 3】陆地有大洲（大陆及其周围的岛屿）、大陆、岛屿、半岛，最大的大陆欧亚大陆、最小的大陆是澳大利亚大陆，最大的半岛是阿拉伯半岛，最大的岛屿是格陵兰岛。

记忆：大舟上的大鹿把岛屿切成了半岛。欧亚联手是最大，澳大利亚是最小；阿拉伯人生活在最大的半岛，格陵兰人生活在最大的岛屿。

【例 4】各大洲的分界

亚欧：乌拉尔山、乌拉尔河、里海、大高加索山、黑海、土耳其海峡；

亚非：苏伊士运河、红海；

亚北美：白令海峡；

欧非：地中海、直布罗陀海峡；

南北美：巴拿马运河。

记忆：

①我从乌拉尔山跳到了乌拉尔河，然后被冲到了里面的大海（里海），大

海穿过大高加索山变成了黑海，黑海爱上了土耳其海峡。

②亚非哥让苏义（伊）士开挖运河，然后他的血汗染红了大海，所以变成红海。

③亚哥和北美姐姐在白令海峡相爱。

④欧弟和菲菲姐在地中海用一条直布牵着骆驼穿过了海峡。

⑤南美和北美的爸爸拿（拉）着马去运河。

【例 5】七大洲的半球分布

半球	主要分布的大洲
东半球	亚、欧、非、大洋洲
西半球	北美洲、南美洲
南半球	南美洲、非洲、大洋洲
北半球	亚、欧、非、北美洲

记忆：

东邪：东邪黄药师穿越亚欧非来到大洋洲。

西毒：西毒欧阳锋占领了南北美。

南帝：南帝一灯大师带着南方的美女飞跃大洋洲。

北丐：北丐洪七公穿越亚欧非来到北美洲。

2. 口诀法

【例】六大板块是：亚欧板块、太平洋板块、美洲板块、非洲板块、印度洋板块、南极洲板块。

记忆：亚欧先生从太平洋来到美洲，然后跳到非洲去游泳，游过印度洋，最终到达南极洲。

3. 谐音法

【例 1】

长江的长度6300km，可用谐音法记作：“溜山洞洞”。

【例2】

地球的表面积为51亿km^2，可记作：51—谐音“污衣”：地球穿着有污点的衣服。

4. 配对联想法

【例1】降水的分布

①受纬度位置因素的影响，赤道地区降水多，两极地区降水少；

②受海陆位置因素的影响，大陆内部降水少，沿海地区降水多；

③受地形因素的影响，迎风坡降水多，背风坡降水少；

④世界的雨极是乞拉朋齐，位于亚洲的印度。世界的干极是阿塔卡马沙漠，位于南美洲。

记忆：

①纬度——赤道：降水多；两极：降水少。

联想：赤道很鼓，就想象喝了很多水。两极很小，所以水少。

②海陆——大陆：降水少；沿海：降水多。

联想：大陆没有水喝，所以想象降水少；沿海有多，肯定是降水多。

③地形——迎风坡：降水多；背风坡：降水少。

联想：迎风坡迎面扑来很多水，所以降水多；背风坡背着风，所以降水少。

④雨极——乞拉朋齐——印度（亚洲）；干极——阿塔卡马沙漠（南美洲）

联想：

下雨天，乞丐拉着朋友齐先生，去印度遇到了暴风雨。

白天，阿拉伯的宝塔上有很多卡片，卡片飞到马背上去了南美洲的沙漠。

【例2】记忆省会简称

序号	省份	简称	省会	记忆
23个省份				
1	黑龙江省	黑	哈尔滨	黑龙江很黑，经常喝哈尔滨啤酒，醉了就打架。
2	吉林省	吉	长春	吉林很吉祥，因为有李长春。
3	辽宁省	辽	沈阳	辽宁是辽国的，里面有个小沈阳。
4	河北省	冀	石家庄	河北省有个坏人叫梁冀，他家叫作石家庄。
5	甘肃省	甘	兰州	甘肃的水很甘甜可口，还有兰州拉面。
6	青海省	青	西宁	青海是有很多青草，青草从的西边很宁静。
7	陕西省	陕	西安	陕西分解成陕和西以后，很安全。
8	河南省	豫	郑州	河南人很犹豫，他们的爱去郑成功的州府。
9	山东省	鲁	济南	山东人很鲁莽，但是经常接济南方人。
10	山西省	晋	太原	山西以前是晋朝，那里是太平的草原。
11	安徽省	皖	合肥	安徽人一般白天就干完事了，而且合起来利润回报很肥。
12	湖北省	鄂	武汉	湖北人喜欢鳄鱼，因为他们都是练武的汉人。
13	湖南省	湘	长沙	湖南人的湘菜很有名，比如长沙臭豆腐
14	江苏省	苏	南京	江苏里有个苏哥，他很讨厌南京大屠杀。
15	四川省	川	成都	四川后面是山川，成功的人都去那里玩。
16	贵州省	黔	贵阳	贵州有黔之驴，他产自贵阳。
17	云南省	滇	昆明	云南人很疯癫，疯了后跑到了昆明。
18	浙江省	浙	杭州	浙江有很多浙商，他们喜欢杭州西湖。
19	江西省	赣	南昌	江西省有条赣江，那里的人参加了南昌起义。
20	广东省	粤	广州	广东人讲粤语，他们喜欢广州。
21	福建省	闽	福州	福建省有个朋友叫林闽，他是个有福的人，他来自福州。
22	台湾省	台	台北	台湾人爱打台球，台球在台北很流行。
23	海南省	琼	海口	海南省很穷，但是有很多鲸鱼，而且都在海口。
5个自治区				
24	新疆	新	乌鲁木齐	新疆有很多新人，他们去乌鲁木齐拍婚纱照。
25	内蒙古	蒙	呼和浩特	内蒙人爱蒙面，他们都是产自呼和浩特的杀手。
26	宁夏	宁	银川	宁夏很宁静，那里的山川到处是银子。
27	广西省	桂	南宁	广西有很多桂花，那里的南方人很宁静。
28	西藏	藏	拉萨	西藏有很多宝藏，他们每天都拉披萨。
4个直辖市				
29	北京市	京	北京	北京是京城。
30	上海市	沪	上海	上海人很富。
31	天津市	津	天津	天津人吃包子吃的津津有味。

序号	省份	简称	省会	记忆
32	重庆市	渝	重庆	重庆人对爱情都是忠贞不渝的。
2 个特别行政区				
33	香港	港	香港	香港有很多港口。
34	澳门	澳	澳门	有个人在澳门走路被砸了头，“澳”的一声大叫。

5. 拆分绘图法

【例 1】记忆中国铁路地图。

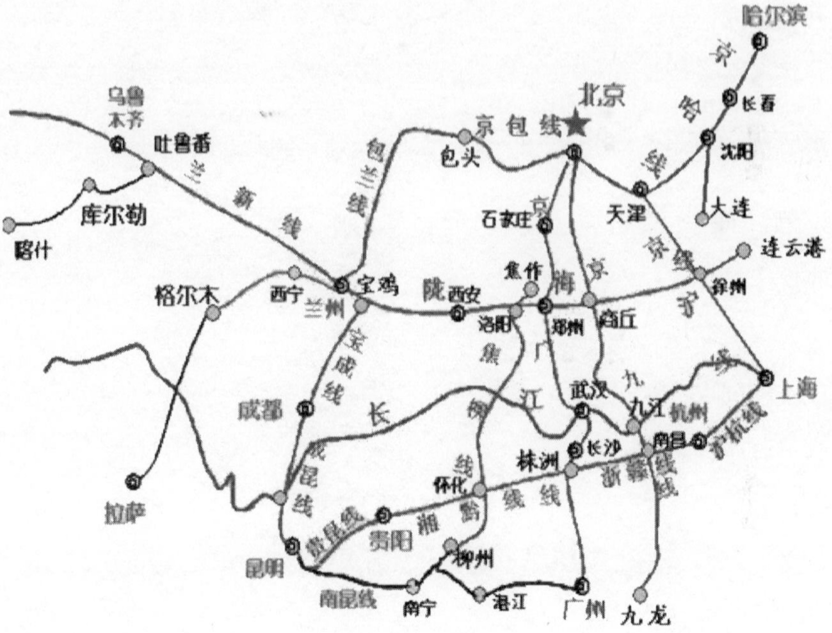

第一步，拆分。

第一条：京哈线：北京、天津、沈阳、长春、哈尔滨。

联想：我从北京来到了天津，天津看到了小沈阳，小沈阳找到李长春，一起去哈尔滨看冰雕。

第二条：京沪线：北京、天津、徐州、上海。

联想：我从北京来到天津，在天津看望老徐（州），老徐却说他在上海。

第三条：京九线：北京、商丘、九江、南昌、九龙。

联想：我在北京和朋友商量去山丘（商丘），山丘下有九条江，九条江汇入南昌，南昌里飞来九条龙。

第四条：京广线：北京、石家庄、郑州、武汉、长沙、广州。

联想：北京下面有个石家庄，石家庄的人要去郑州玩，又从郑州飞到了武汉吃热干面，武汉对面好多长沙臭豆腐，长沙臭豆腐运到了广州。

第五条：焦柳线：焦作、洛阳、怀化、柳州。

联想：我把烧焦的作品送到了洛阳，洛阳很多人怀里兜着化学课本，因为他们其实是怀化人，怀化人最爱柳州。

……

第二步，绘图。拿出一张白纸，把记住的铁路线一天一条画出来。

6. 顺口溜——口诀法

【例】

①七大洲面积排序：亚欧南大洋，非洲南北美。

②大洲陆界：亚非之间苏义（伊）士，运河直穿埃及内，南北美洲巴拿马，爸爸拿马分两洲。

③世界居民：世界人口分布数，亚一非二少大洋，南极直挂大鸭蛋。人口分布稠密地，亚东南美和全欧，极地沙漠高山稀，热带雨林少人居。

④澳大利亚知识总结：澳大利亚大洋绕，南回归线中间过，地广人稀很发达，高原为何占一半？气候植被各半环，生物稀奇太独特。骑着羊背坐矿车，开往首都堪培拉。

⑤我国领土四端：鸡头朝向黑龙江，脚踏曾母暗沙岛，嘴喝长江黄河水，帕米尔上尾巴摇。

⑥中国的行政区划：两湖两广两河山，五江云贵福吉安，四西二宁青甘陕，内重台海北上天。

【练习 1】

（1）东西走向的山脉：我国东西走向的山脉主要有三列：自北向南依次为：①天山——阴山；②昆仑山 ——泰山；③南岭。

（2）东北——西南走向的山脉，我国东北——西南走向的山脉也有三列：自西向东，依次为①大兴安岭 ——太行山——巫山——雪峰山；②长白山脉——武夷山脉；③台湾山脉。

（3）南北走向的山脉主要有青藏高原东部边缘的横断山脉、宁夏西部的贺兰山等。

（4）其他走向的山脉还有：西北——东南的山脉，如阿尔泰山脉，祁连山山脉等；弧形山脉—喜马拉雅山脉。

编口诀：

____

____

【练习 2】我国九大商品粮基地：三江平原、松嫩平原、太湖平原、江淮地区、江汉平原、鄱阳湖平原、洞庭湖平原、成都平原、珠江三角洲。

编口诀：

____

____

【练习 3】我国七大古都：西安、洛阳、南京、北京、开封、杭州、安阳。

编口诀：

____

____

【练习 4】我国十四个邻国：俄罗斯、哈萨克斯坦、吉尔吉斯斯坦、塔吉克斯坦、蒙古、朝鲜、越南、老挝、缅甸、印度、不丹、尼泊尔、巴基斯坦、阿富汗。

编口诀：

____

____

第六节　如何记忆日常生活必备常识

1. 如何记忆购物清单

【例 1】

书本、指甲剪、打火机、吹风机、花生油

餐巾纸、手机充电器、糖果、鱼、短裤

糯米鸡、书包、皮带、可口可乐、衣服架

彩笔盒、饼干、冰糖、酱油、花椒粉

记忆方法：书本里画着指甲剪，指甲剪剪短了打火机，打火机点燃了吹风机，吹风机吹走了花生油，花生油泼到了餐巾纸上，餐巾纸包住了手机充电器，充电器夹住了糖果，糖果喂给了鱼吃，鱼游进了短裤，短裤里包住糯米鸡，糯米鸡塞进书包里，书包里装着很多皮带，皮带打中了可口可乐，可口可乐泼到了衣服架，衣服架勾住了彩笔盒，彩笔盒里有饼干和冰糖，冰糖放入了酱油里，酱油倒在花椒粉上。

【例 2】

围巾、糖葫芦、红豆、皮鞋、花盆

领带、八角、腰果、木耳、水壶

溜冰鞋、手机、电动机、菠萝蜜、面条

蹄膀、香烟、橡皮擦、笔记本、果啤

记忆方法：围巾缠住了糖葫芦，糖葫芦上有很多红豆，红豆掉进了皮鞋，皮鞋踩着了花盆，花盆里有领带，领带上有八角和腰果，腰果炒木耳，木耳扔到水壶里，水壶把水倒进溜冰鞋，溜冰鞋踩着手机，手机砸到电动机，电动机转动了菠萝蜜，菠萝蜜和着面条，面条缠住蹄髈，蹄髈砸到了香烟，香烟点燃了橡皮擦，橡皮擦擦着笔记本，笔记本上有很多果啤。

2. 如何记忆手机号码

【例】

① 13699273918

方法：身体定桩法

第一步，找身体桩：头、眼睛、鼻子、嘴巴、脖子、胸膛、肚子

第二步，分析：36—山鹿；99—舅舅；27—耳机；39—三舅；18—腰包

第三步，记忆：想象这个人头上有鹿角；想象这个人的眼睛在盯着舅舅；想象这个人的耳朵带着耳机；想象这个人的鼻子长得像三舅；想象这个人的嘴巴叼着腰包。

② 18826289668

方法：连锁串联法

第一步，分析：88—爸爸；26—河流；28—恶霸；96—旧炉；68—喇叭。

第二步，串联：爸爸去河流遇到了恶霸，恶霸在扔旧炉子，旧炉子砸到了喇叭。

③ 15197257739

方法：连锁串联法

第一步，分析：51——工人；97——酒旗；25——二胡；77——机器人；

39——三舅

第二步，串联：工人把酒旗插在二胡上，二胡送给了机器人的三舅。

④ 13241774157

方法：身体定桩法

第一步，找身体桩：头、眼睛、鼻子、嘴巴、脖子、胸膛、肚子

第二步，分析：32——扇儿；41——蜥蜴；77——机器人；41——司仪；57——武器

第三步，记忆：想象这个人头上插着扇子；想象这个人的眼睛盯着蜥蜴；想象这个人的鼻子闻到了机器人；想象这个人的嘴巴在咬司仪；想象这个人的脖子夹住武器。

3. 如何记忆公交、地铁线路等

【例】记忆北京公交 701 线路

岳各庄（红星美凯龙）－梅市口路－青塔蔚园－新园村－北太平路口南－永定路口南－永定路口北－铁家坟南－铁家坟北－阜永路口南－定慧寺东－西钓鱼台－航天桥西－航天桥北－花园桥南－花园桥东－老虎庙－外文印刷厂－四道口东－二里沟西口－郝家湾－二里沟东口－三塔寺－车公庄东－平安医院－平安里路口东－厂桥路口东－北海北门－地安门东－宽街路口东－张自忠路－东四十条－东四十条桥西－东四十条桥东－工人体育场－三里屯－农业展览馆－亮马桥－燕莎桥南－燕莎桥东－安家楼－东风桥东－酒仙桥商场－酒仙桥－将台路口西－高家园－丽都饭店－望京医院－花家地北里－花家地北里西站－大西洋新城南门

方法：连锁串联法

第一步：词语转化（因为有些词语较为抽象，所以需要形象转化）

岳各庄（红星美凯龙）——岳飞；梅市口路——梅花；

青塔蔚园——宝塔；新园村——新园村；北太平路口南——北太平洋；

永定路口南——永定路；铁家坟南、北——铁家坟；

阜永路口南——付勇路（我有个同学叫付勇）；定慧寺东——智慧寺；

平安里路口东——平安路；厂桥路口东——长桥路；地安门东——天安门

车公庄东——公车；东四十条——冬月14号；亮马桥——漂亮的马；

将台路口西——将军台；

第二步：串联：岳飞摘梅花，梅花长在青色的宝塔上，宝塔在新园村，新园村旁边是北太平洋，太平洋两边是永定路的南北，永定路的后面是铁家坟，坟墓南北是付勇路，付勇路通往智慧寺，智慧寺东有个钓鱼台，钓鱼台上架着航天桥，航天桥西北是花园桥，花园桥有南瓜和冬瓜，这些瓜送到了老虎庙，老虎庙里是外文印刷厂，印刷厂有四道口子，四道口子很长，有二里沟那么长，二里沟西和东中间是郝家湾，郝家湾在修三塔寺，三塔寺有很多公车，公车属于平安医院，平安医院修了一条平安路，平安路并列的有一条长桥，所以叫作长桥路，长桥路通往北海，北海对面是天安门，天安门的街道很宽，张自忠曾经路过这里，那天是冬月14号，随后他去了工人体育场，体育场三里外事农业展览馆，展览馆有一匹漂亮的马，这匹马跑到了燕莎桥，先南后北，桥对面是安家的楼房，楼房刮起一阵阵东风，东风吹到了酒仙桥商场，商场起名只因为这里有条酒仙桥，酒仙桥上有个将军台；将军台有个高家园，他们开了个丽都饭店，饭店对面是望京医院，医院是建在花家的地里的，花家地有个西站，西站通往大西洋。

4. 如何记忆日程表

【例1】这是一个销售经理的一周日程表

星期一 分类整理上周的客户名单

星期二 打电话回访老客户

星期三 打电话约新客户

星期四 拜访新的客户

星期五 和客户签订销售协议

星期六 陪新签约的客户打高尔夫球

星期天 陪女友逛街

记忆方法：数字定桩法

第一步，找数字编码

1——蜡烛；2——鹅；3——耳朵；4——帆船；

5——秤钩；6——勺子；7——镰刀

第二步，对应联想记忆

蜡烛：想象销售经理一边点蜡烛，一边整理名单，蜡烛的蜡还滴到客户名单上去了；

鹅：想象一群鹅在帮我打回访电话；

耳朵：想象自己耳朵听到新客户的声音很兴奋；

帆船：想象我在帆船上拜见新客户；

秤钩：想象我签了很多新的销售协议，然后拿秤钩在称重量；

勺子：我一边陪新签约客户打高尔夫球，一边拿勺子喝汤；

镰刀：我陪女友逛街顺便买了把镰刀。

【例 2】这是一个学生的学习日程表

6：30 起床

6：30—7:00 洗脸、刷牙等

7：00——7：20 跑步

7：20——7：40 吃早餐

8：00——9：00 语文背书

9：00——10：00 做数学题

10：30——11：15 做英语试卷

记忆方法：数字编码法

第一步，找数字编码：

63——硫酸；70——冰淇淋；72——企鹅；74——骑士；

80——巴黎；90——酒瓶；103——M103 坦克；

1115——梯子与鹦鹉；

第二步，联想记忆：

早上起来看到了硫酸，很吓人；

用硫酸洗脸、刷牙，然后吃冰淇淋；

吃完冰淇淋和企鹅去跑步；

企鹅要吃早餐，和骑士一起吃；

我去巴黎带着语文书，还带着酒瓶；

我在 M103 坦克上做英语试卷，然后站在梯子上抓鹦鹉。

5. 如何记忆演讲稿

【例】各位评委，各位老师，同学们：

大家好！

①很荣幸能再次登上这个演讲台，对评委和同学们给予我的支持表示由衷的感谢。首先，我作一个自我介绍，我叫 ×××，现为学生会宣传委员。

②拿破仑说过："不想当元帅的士兵不是一个好士兵。"今天，我作为同学们推荐的候选人，我想说：我不仅想做元帅，而且希望成为一名出色成功的

能为大家谋利益的元帅——学生会主席。我自信在同学们的帮助下，能够胜任这项工作，正是由于这种内驱力，当我走向这个讲台的时候，跨步格外高远！

③假如我竞选上了学生会主席，首先要致力于自身素质的进一步完善。对于我自身来说，首先要提高对工作的热情度，使自己始终以一颗积极的心态面对各种工作。其次，要提高责任心，认真负责搞好每一项工作。举个例子来说，我们学生会的某些干部，几乎每天都参与值日，很让我感动。他们这种强烈的责任心，使我钦佩不已，因此我也要努力做到他们那样。此外，还要进一步提高处理学习和工作的矛盾，努力做到工作学习两不误。

④假如我当选此届学生会主席，我要召开一次全体学生会干部会议，总结上届学生会留下的宝贵经验，将其优良传统继续发扬下去，同时也要找出他们存在的不足，努力改正，例如在会员的思想培训方面，我将在学校领导的帮助下，努力提高此届会员素质，加强他们对学生会组织的认识，有时间找他们多谈心、多交流，把全体成员带动起来心连心，共同撑起一面崭新的天空。

⑤假如我就任了此届学生会主席，我将和全体成员一道自始至终地遵循“回报学校、回报学生”的原则。就职期间，我们将在有限的条件下，加强一些必要的管理制度，同广大师生多开展一些讨论、对话会，设立意见箱，广泛听取他们的意见，与风华正茂的同学们一道，发出青春的呼喊，我们将努力使新的学生会成为学校领导与学生之间沟通心灵的桥梁，成为师生间的一条纽带，成为敢于反映学生意见要求、维护学生利益的组织，成为一个名副其实的团体。

⑥是金子就要闪光，敢说敢做不正是各位评委期待的新一届学生会带头人的精神风貌吗？请各位评委相信我、支持我，为我投上你们宝贵的一票！

记忆：

第一步，分析文章找出关键词并总结段落要点；

第一段，问候；第二段，表达强烈竞选意图；第三段，入选后政策；第四段，入选后政策；第五段，入选后政策；第六段，拉票。

第二步，根据相应的段落内容和关键词绘制思维导图；

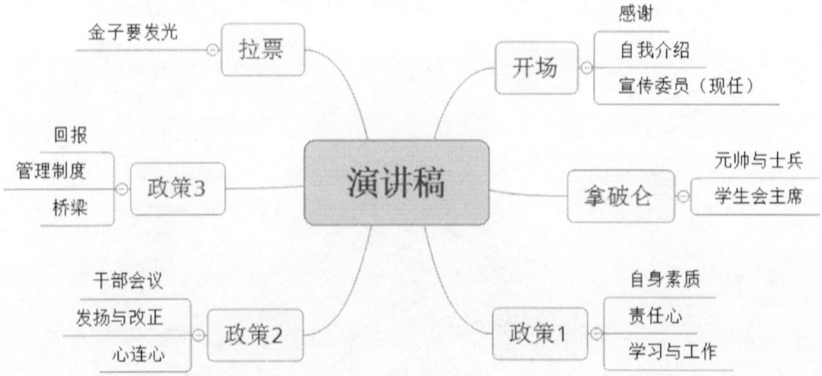

第三步，根据记住的思维导图发挥即可。

6. 如何记忆人名头像

【例】记忆以下人名头像

哈比・杰克

记忆：

第一步，分析姓名：哈比——Happy；杰克——捷克。

第二步，联想记忆：

①看着这个人的眼睛，很不高兴（Happy），就可以联想到这个人叫哈比；

②再看看这个人的西服和领带，想象他来自捷克。

③最后，综合一下，这个人叫作哈比·杰克。

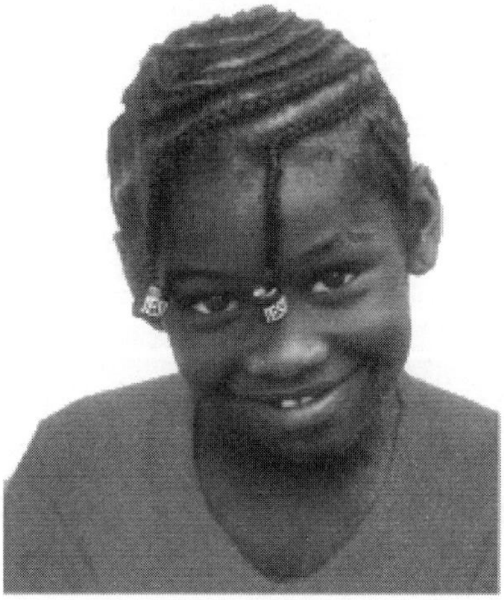

凯瑞·罗冰

记忆：

第一步，分析姓名：

凯瑞——篮球明星凯里·洛瑞的妹妹；罗冰——罗列的冰块。

第二步，联想记忆：

①想象这个人是篮球明星凯里·洛瑞的妹妹；

②想象这个人是黑人，黑人那里很热，需要很多罗列的冰块。

③最后，综合一下，这个人叫作凯瑞·罗冰。

马云辉

记忆：

第一步，分析姓名：马云辉——马云的弟弟很光辉。

第二步，联想记忆：这个人看上去很成功，原来他是马云的弟弟马云辉。

赵子皇

记忆：

第一步，分析姓名：赵子皇——赵子龙

第二步，联想记忆：想象这个人很有帝王之气，原来他是赵子龙保护的皇子。

唐灿灿

记忆：

第一步，分析姓名：灿灿——笑容灿烂

第二步，联想记忆：想象这个人笑得很灿烂，因为他来自唐朝。

梅林·伊娃

记忆：

第一步，分析姓名：梅林——梅子树林；伊娃——俄罗斯的网球运动员

第二步，联想记忆：

①想象这个美女在梅子树林里摘梅子；

②想象她是俄罗斯著名网球运动员；

③综合一下，这个人叫作梅林·伊娃。

汤姆·伊巴卡

记忆：

第一步，分析姓名：汤姆——烫伤；伊巴卡——美国篮球运动员。

第二步，联想记忆：

①这个人是光头，他是被烫伤的，所以叫作汤姆；

②这个人是著名篮球运动员伊巴卡的经纪人，因为他们同名；

③最后，综合一下，这个人叫作汤姆·伊巴卡。

7. 如何记忆数字类信息

（1）记忆方法：古罗马地点定桩法——“记忆宫殿”

（2）数字编码表

我们之前提到过，记忆一定是图像记忆，那么记忆数字就应该把相应的数字转化成图像，这样记忆起来就更加容易而且记得更加牢靠。

0–9 的单个数字编码				
1　蜡烛	2　鹅	3　耳朵	4　帆船	5 称钩

6　勺子	7　镰刀	8　眼镜	9　口哨	0　呼啦圈
	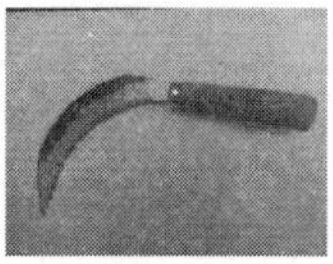	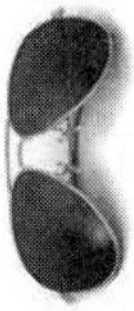		
100 个数字编码表				
01　小树	02　铃儿	03　凳子	04　轿车	05　手套

06　手枪	07　锄头	08　溜冰鞋	09　猫	10　棒球

11　梯子	12　椅儿	13　医生	14　钥匙	15　鹦鹉
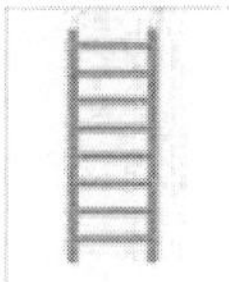				
16　石榴	17　仪器	18　腰包	19　衣钩	20　香烟
		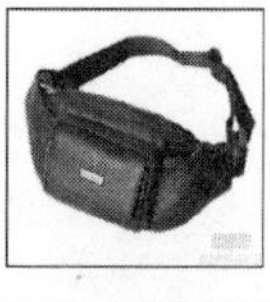	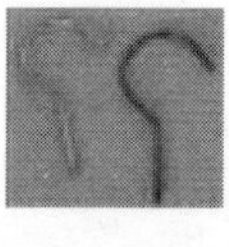	

21　鳄鱼	22　双胞胎	23　和尚	24　闹钟	25　二胡

26　河流	27　耳机	28 恶霸	29　饿囚	30　三轮车

31　鲨鱼	32　扇儿	33　星星	34　三丝	35　山虎

36　山鹿	37　山鸡	38　妇女	39　山丘	40 司令

41　蜥蜴	42　柿儿	43　石山	44　蛇	45　师傅
		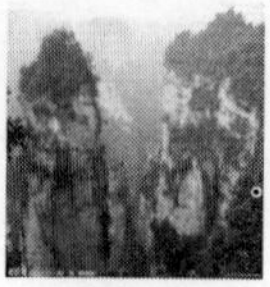		
46　饲料	47　司机	48 石板	49　湿狗	50　武林
		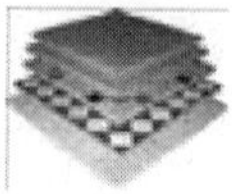		

51 劳动	52 鼓儿	53 乌纱帽	54 青年	55 火车

56 蜗牛	57 武器	58 尾巴	59 蜈蚣	60 榴莲
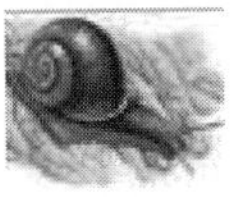		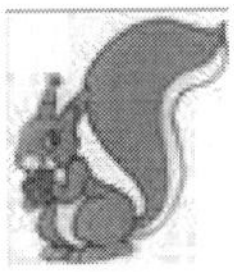	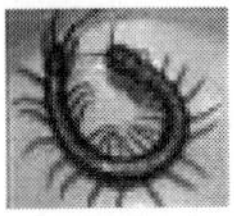	
61 儿童	62 牛儿	63 硫酸	64 螺丝	65 尿壶
			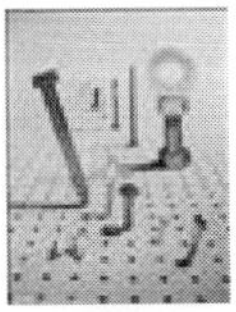	
66 蝌蚪	67 油漆	68 喇叭	69 太极	70 麒麟
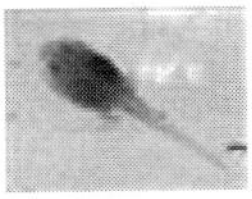				
71 鸡翼	72 企鹅	73 花旗参	74 骑士	75 西服

76 汽油	77 机器人	78 青蛙	79 气球	80 巴黎

81　白蚁	82　靶儿	83　芭蕉扇	84　巴士	85　宝物
		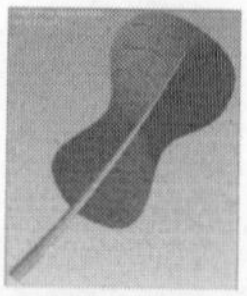		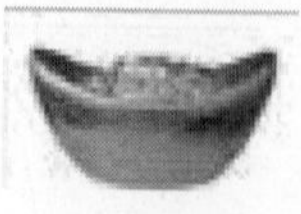
86　八路	87　白棋	88　爸爸	89　芭蕉	90　酒瓶
	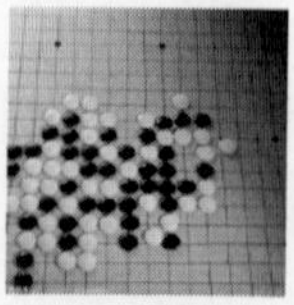		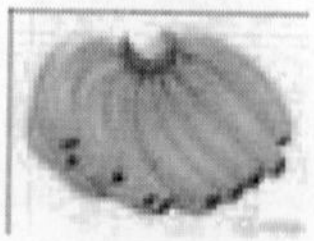	
91　球衣	92　球儿	93　旧伞	94　首饰	95　酒壶

96　旧炉	97　旧旗	98　球拍	99 舅舅	00　望远镜

（3）找地点桩

找地点桩原则：①按顺序找，顺时针或者逆时钟；②距离适中，一般 1 到 2 米；③光线明暗得当；④大小适中。

【例】

家里

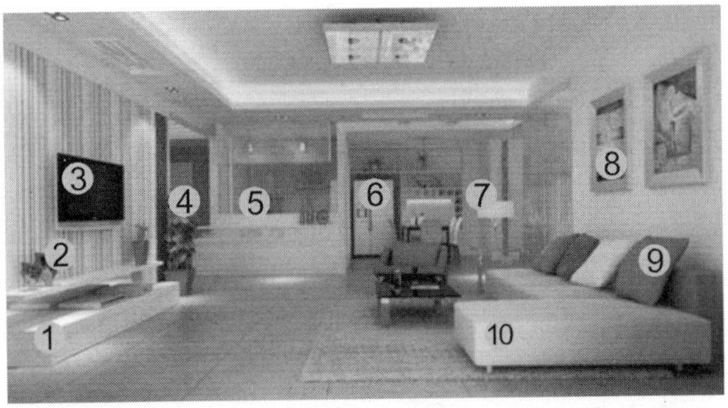

QQ 农场

办公室

公园

（4）把数字转化成数字编码，然后利用已经找好的地点桩进行连接记忆。

【例】利用第一组地点桩记忆下面数字：

27 3 4 0 0 2 1 6 5 2 6 6 4 9 3 5 1 9 9

2 6 7 9 6 3 3 5 2 0 9 2 1 1 2 4 1 8 4 8

第一步，找地点桩：

①电视桌子 ②小花盆 ③电视机 ④大花盆 ⑤小窗格

⑥冰箱 ⑦台灯 ⑧画 ⑨沙发背 ⑩沙发坐垫

第二步，记忆：

①想象电视桌子上有个耳机压着好多丝巾；

②想象小花盆上有个望远镜砸中了鳄鱼；

③想象电视机里有个尿壶扔到了河流中；

④想象大花盆上有几个螺丝钉钉着一把旧伞；

⑤想象小窗格里有个工人在打舅舅；

⑥想象冰箱里有条河流上飘着几个气球；

⑦想象台灯上有硫酸泼到了山虎身上；

⑧想象画上有想象画上画着香烟点燃了球儿；

⑨想象沙发背上有个梯子插坏了闹钟；

⑩想象沙发坐垫上有个腰包装着石板。

第三步，根据脑海中的图像还原数字。

第六章　用高效记忆法记忆英语单词

第一节　全脑图像记单词

据研究表明，78.1% 的同学害怕记忆英语单词。我自己也在实际教学中调查过很多学员。主要有这么几个因素导致学生害怕英语单词：

首先，文化习惯的差异导致单词记忆太枯燥，我们学中文很容易那是因为我们从小就说中文，但英语是个陌生的语言；

其次，很多学生记单词是一个字母一个字母读记的，这种死记硬背的方法很容易忘；

再次，部分同学使用音标法记单词，效果稍微好一点，但是由于音标学习本身也很难，而且音标记单词同样容易忘。

最后，英语单词不像文章，文章毕竟有一定的理解性和图像感，单词是独立的个体，字母之间毫无实质性的记忆线索，如果学生记了又忘，忘了又记，就会很烦躁。

那么，英语单词该如何记忆？全脑记单词是怎么样的呢？

记忆，先记后忆，回忆靠的是线索，而英语单词字母之间以及与翻译并没有实质性的线索，所以回忆很难。那么我们就要运用记忆的原理给单词附加回忆的线索，这样就可以回忆起来。

用全脑图像记忆法来记忆英语单词，首先把抽象的字母转化为熟悉的编码，然后把这些图像编码想象成一个画面，这就意味着把一连串毫无规律的字母变成了寓意深刻的画面，也就刻意制造了回忆的线索。这样就像看电视、看电影那样来进行记忆，不仅记得快、记得牢，而且记忆的过程充满着乐趣，会让你从此爱上背单词。

核心要点：

①单词分解后的想象很重要，而想象用文字无法完全表达；

②本书是基于个人思维习惯写的，读者可以自已去联想；

③单词分解其实就是找单词的特征。

下面有 10 组信息，请认真看一到两遍，然后闭上眼睛回忆一下，看看哪组信息印象最深刻、哪组信息印象最模糊。

① p、a、r、a、d、e 游行；行进

② c、o、n、q、u、e、r 征服，占领

③ e、l、e、v、a、t、o、r 电梯 升降机

④ for、mu、late ——规划

⑤ ap、art、ment——公寓

⑥ ap、ti、tu、de ——天资

⑦四川人的鹅飞到了英国的屏幕上。

⑧他用脚踢刺客的车票被外星人发现了。

⑨弟弟关掉两扇门，和儿子吃正餐。

⑩ 10 个婴儿在大厅休息。

仔细体会一下，这 10 组信息哪组好记？是哪组信息印象最深、记得最牢？

是不是后面 4 组？为什么？因为后面 4 组有图像感。

相比而言，前面的几组英文都是抽象、枯燥的信息，很难记住，就算你勉强记下来，也很容易忘。而后面的几组中文信息，只要根据文字稍微发挥想象，就很容易记住而且不容易忘。

其实，上面这10组信息，都是为了记住英文单词，不过记忆方法不一样而已。

我们来看看这 10 个单词：

① parade 游行；行进

② conquer 征服，占领

③ elevator 电梯，升降机

④ formulate 规划

⑤ apartment　公寓住宅，单元住宅

⑥ aptitude 天资

⑦ screen 屏幕

⑧ ticket 票

⑨ dinner 正餐

⑩ lobby 大厅

①—③组的单词，用的是大部分学生的死记硬背，一个一个字母来进行记忆。

④—⑥组按音标把单词分成小段来进行记忆，比前面的稍好一些。

⑦—⑩组则运用全脑图像记忆的方法来进行记忆，具体如下：

⑦ screen 屏幕

拆分：scr——四川人，e——鹅，en——英国

记忆：四川人的鹅飞到了英国的屏幕上。

⑧ ticket 票

拆分：ti——踢，ck——刺客，et——外星人

记忆：他用脚踢刺客的车票被外星人发现了。

⑨ dinner 正餐

拆分：di——弟，nn——两个门，er——儿子

记忆：弟弟关掉两扇门，和儿子吃正餐。

⑩ lobby ——大厅

分析：lo——像数字 10；bby——婴儿（baby）的近似拼写。

记忆：10 个婴儿在大厅休息。

我们可以明显感觉到，后面 4 组信息要好记很多。因为有图像感，而且记忆的过程中幽默风趣，很轻松。

其实，①—⑥组的单词，如果运用全脑图像记忆法，也同样可以记得快、记得牢。

① parade 游行；行进

分析：pa——怕；ra——热；de——德国

记忆：怕热的德国人在游行。

② conquer 征服，占领

分析：con——共同；qu—蛐蛐；er——儿子

记忆：它们共同征服了蛐蛐的儿子。

③ elevator 电梯，升降机

分析：ele—大象；va—青蛙；tor—头儿

记忆：大象和青蛙的头儿走进了电梯。

④ formulate 规划，确切地阐述

分析：for——为了；mu——“母”的拼音；late——迟的。

记忆：我为母亲做规划，是为了不让她迟到。

⑤ apartment < 美 > 公寓住宅，单元住宅

分析：ap——阿婆；art——艺术；ment——门徒

记忆：阿婆的公寓只租给学艺术的门徒。

⑥ aptitude 倾向，天资

分析：ap——“阿婆”的拼音首字母；ti——“题目”的拼音；

tu——“兔”的拼音；de——“德国”的拼音。

记忆：阿婆曾经出题目问：“兔子的天资跟德国人比怎么样？”

下面，我们就来详细介绍“四步背单词”的四个步骤。

全脑图像记单词的四大步骤

第一步：找熟悉单词

第二步：找拼音

第三步：找编码

第四步：找谐音

1. 找熟悉单词

（1）观察整个单词

【例】

① player　播放机

分析：play——玩 +er——儿子

记忆：爱玩牌的儿子赢了个播放机。

② catcall　喝倒彩

分析：cat——猫；call——喊叫。

记忆：猫对着你喊叫，就是在向你喝倒彩。

③ bedroom　寝室，卧室

分析：bed——床 +room——房间

记忆：放床的房间就是卧室。

④ bakery　面包店

分析：bake——烘，烤 +ry——“人妖”的拼音首字母；ry（名词后缀）

记忆：烘烤人妖要去面包店。

⑤ bookmark　书签

分析：book——书本 +mark——标签。

记忆：书本用的标签就是书签。

⑥ boring 没趣的，令人厌倦的

分析：bo——大伯 +ring——戒指

记忆：大伯戴戒指，真令人厌烦。

（2）找“近亲”单词

【例】

① widow 寡妇

分析：window——窗户；n——“尼”的拼音首字母。

记忆：窗户外面的尼姑是个寡妇。

② mess 凌乱

分析：miss——女士；e——鹅

记忆：女士的头发被鹅弄的凌乱不堪。

③ roof 屋顶

分析：room——房间；f——外形像斧头。

记忆：我把房间里的斧头扔到了屋顶。

（3）找词根词缀

【例】

① minibus 小公共汽车

分析：mini——“小”+bus 公共汽车。

记忆：小 + 公共汽车就是小公共汽车。

② microworld 微观世界

分析：micro——“微观”+world——世界。

记忆：微观 + 世界就是微观世界。

③ misspell 拼写错误

分析：mis——前缀，表示否定；spell——拼写。

记忆：否定拼写就是因为出现了拼写错误。

④ impatient 不耐烦的，焦急的

分析：im——前缀，表示否定；patient——耐心的。

记忆：没有耐心就是不耐烦的意思。

心得：任何记忆都离不开“以熟记新”的原则，单词也一样。如果我们能从陌生单词里找出以前学习过的单词，经过一定的联想和想象，就很容易记住。

2. 找拼音

（1）找完整拼音

【例】

① change　改变

分析：chang——“嫦”的拼音；e——“娥”的拼音。

记忆：嫦娥改变了猪八戒。

② danger　危险

分析：dang——“铃铛”的拼音；er——“儿子”的拼音。

记忆：铃铛响了，儿子有危险了。

③ fear　害怕；恐惧

分析：fe——飞蛾 +ar——爱人

记忆：飞蛾很害怕爱人。

④ fine　美好的；（身体）健康的

分析：fi——飞机 +ne——哪吒

记忆：飞机上的哪吒感觉很美好，因为他身体健康。

⑤ banana　香蕉

分析：ba——“爸”的拼音；na——“拿”的拼音。

记忆：爸爸很爱吃香蕉，拿了又拿。

⑥ guide　导游

分析：gui——“贵”的拼音；de——“的”的拼音。

记忆：请导游是是很贵的。

⑦ huge　巨大的，庞大的

分析：hu——胡 +ge——歌

记忆：“胡歌”是个巨大的人。

（2）找近似拼音

【例】

① excited　兴奋的

分析：ex——“一休”的近似拼音；ci——“刺”的近似拼音；

te——“特务”的拼音首字母；d——“的”的拼音首字母。

记忆：一休刺杀了特务，感到非常兴奋。

② cinema 电影院；电影

分析：ci——“刺客”+ne——哪吒 +ma——妈妈

记忆：刺客和哪吒带着妈妈去电影院。

③ analogue 类似物（或人）

分析：ana——“安娜”的近似拼音；lo——像数字 10；gue——“孤儿”的近似拼音。

记忆：安娜和这 10 个孤儿都是类似的人。

④ dive 跳水

分析：di——弟弟 +ve——“维生素 E”

记忆：弟弟吃完维生素 E 后去跳水。

⑤ vocation 行业，职业，天职，使命

分析：vo——“我”的近似拼音；ca——“牙擦苏”的近似拼音；tion——“神”的谐音。

记忆：我和牙擦苏把神的话当成使命。

（3）找拼音首字母

【例】

① dirty　脏的

分析：di——“敌”的拼音；r——“人”的拼音首字母；ty——“汤圆”的拼音首字母。

记忆：敌人的汤圆都是脏的，千万不要吃。

② wobble　摇晃

分析：wo——“我”的拼音；bb——“爸爸”的拼音首字母；le——“乐”的拼音。

记忆：我爸爸快乐地摇晃着。

③ stream　溪；川；流

分析：str——石头人；ea——牙齿；m——麦当劳

记忆：石头人露出牙齿在溪流里吃麦当劳。

④ signal　信号

分析：sig——四哥；na——拿；l——棒子

记忆：四哥拿着棒子给我们送信号。

⑤ simple　简单的

分析：si——四个；mp——媒婆；le——快乐

记忆：四个媒婆过着简单的生活，很快乐。

⑥ strive　努力

分析：str——“石头人”的拼音首字母；iv——四；e——“鹅”的拼音。

记忆：石头人和四只鹅都很努力。

小结：对于小学四年级以上的学生来说，拼音是很熟悉的，但英文字母是陌生的，如果能恰当地运用拼音法去记单词，可以达到事半功倍的效果。用拼音法来背单词，完全符合“以熟记新”的记忆原则。

3. 找编码（找字母编码）

把单个或多个字母通过像形等方法转变为常用的编码。

【例】

① greedy　贪婪的

分析：gr——工人 +ee——眼镜 +dy——大爷。

记忆：工人戴着神奇的眼镜看出来大爷的本来面目是很贪婪的。

② boom　繁荣

分析：boo——像数字 600；m——可以联想到“麦当劳”。

记忆：一条街上竟然开了 600 家麦当劳店，真是太繁荣了！

③ frog　青蛙

分析：fr——飞人 +o——鸡蛋 +g——哥哥

记忆：飞人吃完鸡蛋和哥哥一起抓青蛙。

④ pilot　飞行员

分析：pi——“皮鞋”的拼音；lo——外形像数字 10；t——外形像伞。

记忆：穿着皮鞋，撑上 10 把伞，像飞行员一样飞行。

⑤ grape 葡萄

分析：gr——工人 +ap——苹果 +e——鹅

记忆：工人在吃苹果，大白鹅在吃葡萄。

心得：c 像月亮、f 像斧头、h 像椅子、i 像蜡烛、j 像鱼钩、o 像鸡蛋……

如果拥有一套所有字母的编码系统，所有单词的字母都拥有图像感，再结合联想、想象、串联的原理，单词就会由一串毫无规律的字母变成生动有趣的故事画面。这样，就会在记单词的时候留下很多回忆的线索，单词就很容易想起来。

4. 第四步：找谐音

（1）整体谐音

【例】

① spider[ˈspaɪdə(r)]　蜘蛛

分析：谐音“斯巴达”

记忆：斯巴达爱吃蜘蛛。

② typhoon[taɪˈfuːn]　台风

分析：谐音“台风”

记忆：“台风”= 台风。

③ ambulance　救护车

分析：“俺不能死”的谐音。

记忆：俺不能死，快叫救护车！

④ soda[ˈsəʊdə]　苏打；碳酸水

分析：谐音“苏打”

记忆：“苏打”= 苏打。

（2）部分谐音

【例】

① jacket 短上衣

分析：jack——“杰克”的谐音；et——“外星人”。

记忆：杰克穿着外星人的短上衣。

② March [mɑːtʃ] 三月

分析：“马车”的谐音；

记忆方法：三月坐三轮马车去玩。

③ cafeteria 自助餐馆，自助食堂

分析：cafe——咖啡馆；teria——“特热”的谐音。

记忆：自助食堂里面的咖啡馆特别热。

小结：谐音法可以让学生很快就记住单词，效果很明显。也许有的人认为只有部分单词可以使用谐音法，但实际上每个单词都可以使用谐音法，只不过这要看个人的想象力如何。我这本书籍全部写记忆术，但是由于记忆的原理是联想、想象、图像，而这些脑海中的很多东西是无法完整地用文字来描述的，所以读者一定要记住我的文字解释只是引导你去想象的。读者可以根据自己的想象力来决定如何想象。

第二节　单词记忆常见方法

方法 1　字母象形法

eye　[ai]　眼睛

e 眼珠　　y 鼻子

联想：两只眼珠生在鼻子两边就是眼睛。

方法 2　编码象形法

编码原则：读音、象形、含义

像数字的字母：b—6　g—9　o—0　l—1　z—2

【例 1】gloom　[glu:m]　忧郁、郁闷

拆分：gloo 9100+m 米

联想：老师让我跑 9100 米，我感到很郁闷。

【例 2】beef [bi:f] 牛肉

拆分：bee 蜜蜂 +f 斧头

联想：蜜蜂用斧头砍牛肉。

【例 3】boom [bu:m] 繁荣

拆分：boo 600+m 麦当劳

联想：这条街上有 600 家麦当劳，所以很繁荣。

方法 3　组合编码法

【例 1】bamboo [bæm'buː] 竹子

拆分：bam 爸妈 +boo 600

联想：爸妈吃了 600 根竹子。

【例 2】trap [træp] 陷阱

拆分：tr（tree）树 +ap 阿婆

联想：树下的陷阱困住了阿婆。

【例 3】drive 开车

拆分：dr 敌人 +ive 夏威夷

联想：敌人在夏威夷开车。

【例 4】mall [mɔ:l] 购物商场

拆分：ma 妈妈 +ll 11

联想：妈妈今天去了 11 个购物商场。

方法 4　拼音法

【例 1】fare [feə] n. 费用；旅客；食物

拆分：fa 发 +re 热

联想：我花了很多费用去给旅客买发热的食物。

【例 2】language　['læŋgwidʒ] n. 语言

拆分：lan 烂 +gua 瓜 +ge 哥

联想：烂瓜哥的语言很烂。

【例 3】bandage ['bændidʒ]n. 绷带，包带

拆分：ban 绊 +da 大 +ge 哥

联想：绷带绊倒了大哥。

【例 4】post [pəʊst] n. 邮件，邮递

分 析 ：po—婆婆；st 一 石头

联想：婆婆去邮局邮寄石头。

【例 5】pancake ['pænkeɪk] 烙饼

拆分：pan 盘子 +cake 蛋糕

联想：盘子上的蛋糕是烙饼做的。

方法 5　拼音编码法

【例 1】strict　[strikt] adj. 严格的，严厉的

分析：str——石头人 +ic——卡 +t——伞

联想：石头人拿着 IC 卡，打着伞，很严厉的样子。

【例 2】camp[kæmp] 扎营

分析：ca——擦；mp——媒婆

联想：擦完地板后，媒婆去扎营。

【例 3】juice [dʒu:s] n. 果汁，饮料

拆分：ju——桔子 +ice——冰

联想：我用桔子和冰做成了果汁、饮料。

【例 4】feed [fi:d] 喂养

拆分：fe——飞蛾 +ed——过去式

联想：飞蛾过去式我喂养。

方法 6　单词组合法

熟词 + 熟词

【例 1】basketball ['futbɔ:l] n. 篮球

分析：basket——篮子 +ball——球

记忆：篮子和球在一起就是篮球。

【例 2】greenhouse ['gri:nhaʊs] n. 温室

分析：green——绿色 +house——房子

记忆：绿色的房子就是温室啊。

【例 3】timetable ['taimteib(ə)l] 日程表

分析：time——时间 +table——表格

记忆：时间和表格一起就是日程表啊。

【例 4】supermarket [ˈsuːpəmɑːkɪt] 超市

分析：super——超级；market——市场

记忆：超级 + 市场就是超市。

【例 5】sunshine[ˈsʌnʃaɪn] 阳光

分析：sun——太阳；shine——光线

记忆：太阳和光线组合就成了阳光。

【例 6】handsome[ˈhænsəm] 英俊的

分析：hand——手 +some——一些

记忆：我手中认识一些英俊的青年。

【例 7】weekend [ˌwiːkˈend] 周末

分析：week——周；end——结束

记忆：一周结束的时候就是周末。

【例 8】schoolbag ['skuːlbæg] 书包

分析：school——学校 +bag——包包

记忆：学校的包包就是书包。

【例 9】classroom[ˈklɑːsruːm] 教室

分析：class——班级 +room——房间

记忆：班级的房间就是教室。

第三节　字母编码篇

字母编码表

a 一个 苹果 圣诞帽子	ab	阿爸、阿伯
	ac	AC 米兰（足球）、扑克
	ad	阿弟、广告
	al	阿里（拳王）
	ary	一个人妖
	ai	爱、艾蒿
	ar	爱人小矮人
	ak	AK 步枪
	am	是俺 上午
	an ant	Ant 蚂蚁天安门
	ap	阿婆苹果
	ance	按死 淹死
b 6 boy 手机	ba	爸爸
	bi	笔硬币
	bl	保龄球 61 玻璃
	bo	60 波浪伯伯
	br	白人病人
	bro	Brother 兄弟
	bu	不红布
	be	在、使 bee 蜜蜂
	bt	变态 鼻涕
C 月牙	ca	Cat 猫擦 卡
	cai	青菜猜
	ce	厕所大侧刀测量
	cha	茶烧烤叉
	chan	铲子
	che	汽车
	chi	吃 尺子
	ci	刺猬磁铁 瓷器
	cid	CID 警察
	ck	刺客香水
	cl	窗帘成龙

c 月牙	co	coke 可乐
	cr	超人 cry 哭
	cu	醋铜 cue 暗示
	com	Compter 电脑共同
	ch	菜花 China 水池
	con	平板电脑坑
d 行李箱 口哨 笛子 狗	da	大打
	dan	蛋
	de	德国得到
	der	德国人
	ter	特务（日本人）头儿
	di	弟弟笛子
	dis	的士相反迪尼斯
	dr	敌人 draw 画画
	du	毒药肚子
	dy	大爷导游
e 鹅 网页 蛾	-ed	过去的
	er	儿子耳朵
	es	复数饿死了鹅死了
	est	最 饿死他
	eu	欧洲
	ex-	前任（的）一休和尚
	ence	摁死 冷死
	ance	淹死
	ele	饿了
	et	外星人
f 拐杖 佛 斧头	fa	头发沙发
	fo	佛祖
	ft	匪徒
	fr	飞人夫人
	fu	父亲豆腐
	fl	俘虏 flood 洪水服了
g 9 钩子	ge	哥哥鸽子
	gl	91 格力空调
	gr	工人 grow 生长古人
	gu	鼓姑姑

g 9 钩子	gui	贵州鬼桂林
	gun	枪滚蛋
h 椅子	ha	哈哈大笑蛤蟆
	ho	猴子
	hr	黑人
	hu	老虎
i 我 蜡烛 埃及金字塔	ic	Ic 卡
	il	ill 病的
	im	相反、不是姨妈
	ing	现在进行时老鹰
	in	在…里面
	iv	Iv 四
j 姐姐 鸡	ja	夹子架子家
	jo	舟
	ju	锯据 桔子
k 冲锋枪	ke	咳嗽客人 蝌蚪
	ki	kiss 吻
	kit	kitty 猫
l 棍子 1	lan	篮子
	lang	狼
	le	快乐
	ll	11 筷子
	lu	马路梅花鹿
	ly	老爷
	la	拉面 蜡烛
m 麦当劳 石磨	ma	妈妈马
	mo	蘑菇 魔鬼牛魔王
	mou	元谋人 ment 馒头
	mu	母亲木耳
	mi	大米米老鼠
n 门	na	纳米
	ne	哪吒
	nt	难题农田
O 太阳 鸡蛋	ob	欧伯 欧版
	op	Open 打开 oppo 手机
	opp	圆屁屁

O 太阳 鸡蛋	or	或者猿人
	ou	海鸥
	ours	我们的
	Ous	熬死
P 旗帜 屁股	pa	爬
	pe per	胖鹅（企鹅）
	Pi	皮放屁
	pl	铺路漂亮
	po	婆婆
	pp	屁屁
	pr	仆人 price 价钱（钱）
	pt	葡萄
	pu	店铺（士多店）
	pro pre pre	仆人 向前 怕热
q QQ 蜗牛	qi	气球
	qu	蛐蛐弯曲
r 路灯 小草	ra (rat)	老鼠
	rb	日本
	re	热
	rn	人脑
	ro	肉
	rt	人体 人头
	ru	被褥乳（牛奶）
	ri	太阳
X 封条 剪刀	xi	西瓜
S 蛇 美女 美人鱼	sa	沙子傻瓜
	sc	cs 游戏蔬菜
	si	四寺庙死
	se	羞涩色狼
	sen	森林
	sion	自由女神
	sk	Sky 天空
	sp	蛇皮
	sm	石门
	sh	水壶 ship 船

S蛇　美女　美人鱼	ss	两条蛇两美女双胞胎
	st	stone 石头 stand 站立
	sy	石油
	sl	死了
t 雨伞	ta	塔他
	ti	踢题目提
	tive	Tv 电视，……的，构成形容词
	tion	神仙神庙
	te	特别 白天鹅
	ter	特务
	tu	兔子吐
	tan	坦克地毯
	th	天河第几 thin 薄 thief 小偷
	ton	河豚
	tr	Tree 树土壤 trip 陷阱
	to	去
	ty	汤圆 讨厌
	tom	海豚
	ture	当作 true 真的
U 试管　水杯磁铁	un	不、联合国
	us	我们
V 成功手势	ve	维生素 E
	vi	六个
	vo	我
W 耙　锯齿	wa	哇青蛙
	wr	蛙人
	wai	歪嘴巴
	wy	乌鸦乌云
	wh	what 什么 White House 白宫武汉大桥
y 树杈　弹弓酒杯	ya	鸭子牙齿
	ye	椰子
	yo	游油

第四节 单词记忆示例

【例 1】

1.banana 香蕉

拆分：ba——爸，na——拿，na——拿

记忆：想象画面——爸爸拿了一根香蕉之后又拿了一根。

2.hamburger 汉堡包

拆分：ha——哈，m——麦当劳，bu——不，rg——热狗，er——儿子

记忆：想象画面——哈，麦当劳把不加热的汉堡包卖给儿子。

3.tomato 西红柿

谐音："他妈头"

记忆：他妈头上长出了西红柿。

4.ice-cream 冰激凌

拆分：ice——冰，cr——超人，ea——牙齿，m——麦当劳

记忆：想象画面——吃冰的超人牙齿被麦当劳里的冰激凌冻住了。

5.salad 沙拉

拆分：sa——撒，la——拉，d——弟

记忆：想象画面——我撒娇地拉着弟弟的手让他给我做沙拉。

6.strawberry 草莓

拆分：str——石头人，aw——安慰，b——6，er——儿子，ry——人妖

记忆：想象画面——石头人用草莓安慰 6 个儿子和人妖。

7.pear 梨

拆分：pe——胖鹅，ar——爱人

记忆：想象画面——胖鹅给爱人吃梨。

8.milk 牛奶

拆分：mi——米，lk——立刻

记忆：米加了水后立刻变成了牛奶。

9.bread 面包

拆分：br——病人，e——鹅，ad——阿弟

记忆：病人吃了鹅送给阿弟的面包。

10.birthday 生日

拆分：bi——笔，r——草，th——天河，day——天

Birth——出生 day——天

记忆：①笔和草在天河里同一天过生日。

②出生的那一天叫作生日。

11.dinner 正餐

拆分：di——弟，nn——两个门，er——儿子

记忆：弟弟和两个门里的儿子在吃正餐。

12.week 周，星期

拆分：we——我们，e——鹅，k——枪

记忆：我们每周都教鹅打枪。

13.food 食物

拆分：fo——佛，od——欧弟

记忆：佛把食物赐给了欧弟。

14.sure 当然

拆分：su——苏，re——热

记忆：苏州的夏天当然很热。

15.vegetable 蔬菜

拆分：ve——胡萝卜，ge——哥哥，table——桌子

记忆：胡萝卜和蔬菜放在了哥哥的桌子上。

16.fruit 水果

拆分：fr——飞人，u——水杯，it——它

记忆：飞人的水杯里装满了它喜欢的水果。

17.right 正确的，适当的

拆分：ri——日，gh——桂花，t——伞

记忆：太阳底下，桂花适当地落在了伞上。

18.apple 苹果

拆分：ap——阿婆，pl——漂亮，e——鹅

记忆：阿婆给漂亮的鹅吃苹果。

19.then 那么

拆分 :th——天河，en——英国

记忆：那么，天河是在英国么?

20.carrot 胡萝卜

拆分：car——车，ro——肉，t——伞

记忆：车上有伞、肉和胡萝卜。

21.rice 大米

拆分：r——草，ice——冰

记忆：草冰冻之后会长出大米。

22.chicken 鸡肉

拆分：chi——吃，ck——刺客，en——英国

记忆：吃鸡肉的刺客在英国。

23.breakfast 早餐

拆分：br——病人，ea——牙齿，k——枪，fast——快速的

记忆：病人的牙齿被枪打了，以至于不能快速的吃早餐。

24.lunch 午餐

拆分：lun——伦，ch——床

记忆：我躺在伦敦的床上吃午餐。

25.star 明星

拆分：st——石头，ar——爱人

记忆：石头的爱人是明星。

26.habit 习惯

拆分：h——椅子，ab——阿伯，it——它

记忆：椅子上的阿伯习惯了它的存在。

27.healthy 健康的

拆分：he——他，al——阿狸，t——伞，hy——海洋

记忆：他和健康的阿狸一起撑着伞去看海洋。

28.really 真正地

拆分：re——热，al——阿狸，ly——老爷

记忆：热情的阿狸真正地喜欢上了老爷。

29.question 问题

拆分：qu——去，es——饿死，tion——男神

记忆：我要去问快饿死的男神一个问题。

30.want 想要

拆分：wa——哇，nt——难题

记忆：哇！想要解决难题需要耐心。

【自我测试】

1.hamburger ____________

2.question ____________

3.healthy ____________

4.lunch ____________

5.want ____________

6.chicken ____________

7.really ____________

8.apple ____________

9.then ____________

10.sure ____________

11.vegetable ____________

12.dinner ____________

13.week ____________

14.banana ____________

15.star ____________

16.bread ____________

17.rice ____________

18.pear ____________

19.salad ____________

20.tomato ____________

21.habit ____________

22.carrot ____________

23.fruit ____________

24.ice-cream ____________

25.strawberry ____________

26.breakfast ____________

27.dinner ____________

28.birthday ____________

29.food ____________

【例 2】

1.theater 戏院

拆分：th——弹簧，eat——吃，er——儿子

记忆：戏院的弹簧被正在吃东西的儿子捡到了。

2.comfortable 舒适的

拆分：com——网，for——为了，table——桌子

记忆：上网是为了得到舒适的桌子。

3.seat 座位

拆分：s——蛇，eat——吃

记忆：蛇在座位上吃东西。

4.screen 屏幕

拆分：scr——四川人，e——鹅，en——英国

记忆：四川人的鹅出现在了英国的屏幕上。

5.close 接近

拆分 :cl——成龙，o——鸡蛋，se——色

记忆：成龙拿着鸡蛋接近了色狼。

6.ticket 票

拆分：ti——踢，ck——刺客，et——外星人

记忆：他用脚踢刺客的车票被外星人发现了。

7.worst 最差

拆分：wo——我，r——小草，st——石头

记忆：我在小草丛里捡到了最差的石头。

8.cheaply 便宜地

拆分：che——车，ap——阿婆，ly——老爷

记忆：车被阿婆便宜地卖给了老爷。

9.song 歌

拆分：son——儿子，g——哥

记忆：儿子在给哥唱歌。

10.choose 选择

拆分：ch——床，oo——两个鸡蛋，se——色

记忆：他选择了床上的两个鸡蛋，并涂了颜色。

11.carefully 细致地

拆分：care——在意，full——满的，y——衣杈

记忆：我细致地发现，他很在意房间里放满衣杈。

12.reporter 记者

拆分：re——热，po——破，rt——人头，er——耳朵

记忆：记者在发热的破人头里发现了一只耳朵。

13.fresh 新鲜的

拆分：fr——飞人，e——鹅，sh——水壶

记忆：飞人把新鲜的鹅扔进了水壶。

14.worse 更差

拆分：wo——我，r——小草，se——色

记忆：我给小草涂了更差的颜色。

15.service 接待

拆分：se——色，r——草，vi——六，ce——厕

记忆：我接待绿色的小草去了六号厕所。

16.pretty 相当，十分

拆分：pr——仆人，et——外星人，ty——汤圆

记忆：仆人和外星人吃了相当多的汤圆。

17.menu 菜单

拆分：men——人，u——水杯

记忆：人们拿着水杯看菜单。

18.act 扮演

拆分：a——把，ct——锄头

记忆：他用一把锄头在扮演农民伯伯锄地的场景。

19.meal 早餐

拆分：me——我，al——阿狸

记忆：我和阿狸在吃早餐。

20.creative 有创造力的

拆分：cr——超人，eat——吃，iv——四，e——鹅

记忆：有创造力的超人吃了四只鹅。

21.performer 表演者

拆分：per——每个，fo——佛，rm——人民，er——儿子

记忆：每个表演者都是佛祖和人民的儿子培养出来的。

22.talent 天资

拆分：ta——他，le——乐，nt——难题

记忆：他快乐地发现了自己爱做难题的天资。

23.magician 魔术师

拆分：mag——马哥，ic——卡，i——蜡烛，an——一个

记忆：马哥用卡和蜡烛变出了一个魔术师。

24.role 作用，职能

拆分：ro——肉，le——了

记忆：肉的作用是被绞了。

25.winner 获胜者

拆分：win——赢，ne——哪吒，r——小草

记忆：赢了哪吒的获胜者会奖励小草。

26.prize 奖

拆分：pr——仆人，i——蜡烛，ze——责

记忆：仆人的蜡烛作为奖品送给了被责怪的那个人。

27.example 实例

拆分：ex——一休，am——上午，pl——漂亮，e——鹅

记忆：一休上午把漂亮的鹅当做实例。

28.poor 贫穷的

拆分：po——破，or——猿人

记忆：穿着破衣服的猿人很贫穷。

29.seriously 严重地，严肃地

拆分：se——色，ri——太阳，ous——藕丝，ly——老爷

记忆：在红色的太阳下，藕丝被老爷严肃地吃了。

30.crowded 人多的，拥挤的

拆分：cr——超人，o——鸡蛋，wd——无敌，ed——二弟

记忆：在人多的地方，超人的鸡蛋被无敌的二弟弄碎了。

【自我测试】

1.seriously ____________

2.example ____________

3.role ____________

4.talent ____________

5.crowded ____________

6.pretty ____________

7.prize ____________

8.menu ____________

9.performer ____________

10.act ____________

11.creative ____________

12.poor ____________

13.magician ____________

14.meal ____________

15.winner ____________

16.service ____________

17.worse ____________

18.ticket ____________

19.worst ____________

20.cheaply ____________

21.fresh ____________

22.comfortable ____________

23.theater ____________

24.close ____________

25.seat ____________

26.song ____________

27.reporter ____________

28.carefully ____________

29.screen ____________

30.choose ____________

【例 3】

1.textbook 教科书

拆分：t——伞，ex——一休，book——书

记忆：两把伞中间，站着一休抱着书，那是他的教科书。

2.conversation 交谈

拆分：con—平板电脑，ver—（very）非常，sa—沙发，tion—男神

记忆：用平板电脑视频交谈非常愉快，因为对面沙发上坐着男神。

3.aloud 大声地

拆分：al——阿狸，oud——欧弟

记忆：阿狸冲着欧弟大声地喊叫。

4.pronunciation 发音

拆分：pro—东坡肉，un—云，ci—刺，a——一个，tion—男神

记忆：挂着东坡肉的门给云上的刺猬吃了，它的发音感动了一个男神。

5.sentence 句子

拆分：sen——森，ten——十，ce——厕

记忆：森林里有十个句子贴在厕所门口。

6.patient 耐心的

拆分：pa——爬，tie——带子，nt——难题

记忆：爬山时系带子是个需要耐心的难题。

7.expression 表情

拆分：ex——一休，press——挤压，ion——神

记忆：一休挤压自己的脸，他的表情逗乐了神。

8.discover 发现

拆分：dis——的士，cover——覆盖

记忆：我坐在的士上发现座位上覆盖了灰尘。

9.secret 秘密

拆分：se——色，cr——超人，et——外星人

记忆：彩色的超人发现了外星人的秘密。

10.grammar 语法

拆分：gr——工人，am——是，ma——马，r——小草

记忆：工人是在看马吃小草时背语法书的。

11.repeat 重复

拆分：re——热，pe——胖鹅，at——在

记忆：______________________________

12.note 笔记

拆分：no——不，te——特别

记忆：______________________________

13.pal 朋友

拆分：p——屁股，al——阿狸

记忆：______________________________

14.physics 物理

拆分：ph——破坏，y——衣杈，si——四，cs——超市

记忆：____________________

15.chemistry 化学

拆分：che——车，mi——米，stry——故事

记忆：____________________

16.memorize 记着

拆分：me——我，mo——摸，ri——日，ze——选择

记忆：____________________

17.pattern 模式

拆分：pa——爬，t——伞，ter——特务，n——门

记忆：____________________

18.pronounce 发音

拆分：pro——东坡肉，no——不，unce——按死

记忆：____________________

19.increase 增加

拆分：in——在…里面，cr——超人，ea——牙齿，se——色

记忆：____________________

20.speed 速度

拆分：sp——山坡，ee——眼睛，d——弟弟

记忆：____________________

21.partner 搭档

拆分：part——部分，n——门，er——儿子

记忆：____________________

22.born 出生，天生的

拆分：bo——伯伯，rn——热闹

记忆：____

23.ability 能力

拆分：ab——阿伯，i——蜡烛，li——梨，ty——汤圆

记忆：____

24.create 创造

拆分：cr——超人，ea——牙齿，te——特别的

记忆：____

25.brain 大脑

拆分：b——伯伯，rain——雨

记忆：____

26.active 活跃的

拆分：act——表演，i——蜡烛，ve——维 E

记忆：____

27.attention 注意

拆分：at——在，ten——十，tion——男神

记忆：____

28.connect 连接，联系

拆分：con——坑，ne——哪吒，ct——春天

记忆：____

29.overnight 一夜之间

拆分：over——超过，night——夜晚

记忆：____

30.review 回顾，复习

拆分：re——热，view——观点

记忆：________________

【自我测试】

1.attention ________

2.repeat ________

3.review ________

4.create ________

5.physics ________

6.connect ________

7.spead ________

8.active ________

9.increase ________

10.overnight ________

11.spead ________

12.note ________

13.brain ________

14.born ________

15.ability ________

16.chemistry ________

17.pal ________

18.expression ________

19.partner ________

20.pattern ________

21.discover ____________

22.memorize ____________

23.textbook ____________

24.grammar ____________

25.secret ____________

26.discover ____________

27.pronounce ____________

28.conversation ____________

29.pronunciation ____________

30.aloud ____________

第五节　词根词缀法记单词

经过研究，很多英语单词是由词根加上前缀或者后缀演化而来。所以，如果我们能够把所有重要的词根词缀总结出来熟记于心，这样我们就可以记忆大量英语单词。

1. 通过词缀认识单词

（1）a-

① 加在单词或词根前面，表示“不，无，非”

acentric 无中心的（a+centric 中心的）

asocial 不好社交的（a+social 好社交的）

amoral 非道德性的（a+moral 道德的；注意：immoral 不道德的）

apolitical. 不关政治的（a+political 政治的）

anemia 反常的（a+nomal 正常的 +ous）

②加在单词前，表示“在…，…的”

asleep 睡着的（a+sleep 睡觉）

aside 在边上（a+side 旁边）

ahead 在前地（a+head 头）

alive 活的（a+live 活）

awash 泛滥的（a+wash 冲洗）

（2）ab–，abs– 加在词根前，表示“相反，变坏，离去”等

abnormal 反常的（ab+normal 正常的）

abuse 滥用（ab+use 用→用坏→滥用）

absorb 吸收（ab+sorb 吸收→吸收掉）

absent 缺席的（ab+sent 出现→没有出现→缺席的）

abduct 诱拐（ab+duct 引导→引走→诱拐）

abject 可怜的（ab+ject 抛→抛掉→可怜的）

abstract 抽象的；心不在焉的（abs+tract 拉→被拉开→心不在焉）

abstain 戒绝（abs+tain 拿住→不再拿住→戒绝）

（3）ab–，ac–，ad–，af–，ag–，an–，ap–，ar–，as–，at– 等加在同辅音字母的词根前，表示“一再”等加强意

accompany 陪伴（ac+company 伙伴→陪伴）

accelerate 加速（ac+celer 速度→一再增加速度）

applause 鼓掌（ap+pease 赞扬→一再赞扬→鼓掌）

appreciate 欣赏（ap+reci 价值 +ate →一再给价→欣赏）

appoint 指定，任命（ap+point 指→指定）

arrange 安排（ar+range 排列→安排）

arrest 逮捕，阻止（ar+rest 休息→不让动→逮捕）

arrive 到达（ar+rive 河→到达河边→达到目标）

assault 进攻（as+saul 跳→跳起来→进攻）

assiduous 勤奋的（as+sid 坐 +uous →一再坐着 [学习] →勤奋）

（4）ad- 加在在单词或词根前，表示“做……，加强……”

adapt 适应（ad+apt 能力→有适应能力）

adept 熟练的（ad+ept 能力→有做事能力→熟练的）

adopt 收养；采纳（ad+opt 选择→选出来→采纳）

adhere 坚持（ad+here 粘→粘在一起→坚持）

adjacent 邻近的（ad+jacent 躺→躺在一起→邻近的）

adjoin 贴近；毗连（ad+join 参加→参加在一起→贴近）

administrate 管理；执行（ad+ministr 部长 +ate →做部长→管理）

admire 羡慕（ad+mire 惊奇→惊喜；羡慕）

adumbrate 预示（ad+umbr 影子 +ate → [将来的] 影子出现→预示）

（5）amphi- 表示“两个，两种”

amphibian 两栖动物（amphi+bi 生命 +an →两个生命→两栖动物）

amphicar 水陆两用车（amphi+car 车→两用车）

2. 通过词根认识单词

（1）acid， acri， acrid， acu=sour， sharp， 表示“尖，酸，锐利”

acid 酸的

acidify 酸化（acid+ify…化→酸化）

acidity 酸度，酸性（acid+ity 性质→酸性）

acidulous 微酸的（acid+ulous 有…的→有酸味的）

acrid 辛辣的；类刻的（acrimony 的形容词）

acute 尖锐的，敏锐的

（2）act=to do， to drive，表示“行动，做”

act 行为

acting 演技

activity 活动（act+ivity 状态→活动状态）

activate 使…活动，起动（act+ivate 使…→使…活动）

actualize 实现（actual 实际的＋ ize 化→实际化→实现）

enact 实施，颁布（en+act →使 [法律] 动→实施法律）

exact 强求；精确的（ex 出 +act → [要求] 做出来→强求）

exacting 苛求的（exact+ing）

（3）aer， aero， aeri=air，表示“空气，充气”等

aerate 通气；充气（aer+ate 表动词）

aerial 空气的（aeri+al 表形容词）

aeriform 无形的，非实体的（aeri+form 形状→空气的形状→无形的）

aeromechanics 航空力学（aero+mechanics 机械学）

aerology 气象学，大气学（aero+ology 学科→空气学→大气学）

aerospace（大气层内外）空间（aero+space 空间）

aerosphere 大气层（aero+sphere 球形→球形空气→大气层）

aeroview 鸟瞰图（aero+view 看→在空气中看→鸟瞰）

3. 通过后缀记单词

（1）–ability 表名词，“能…；性质”

useability n. 可用性（use 用）

inflammability n. 易燃性（inflame 点火 +ablity）

adaptability n. 适应能力（adapt 适应）可靠性

dependability n. 可靠性（depend 依靠）

variability n. 变化性（vary 变化）

lovability n. 可爱（love 爱）

（2）–able 表形容词，“可…的，能…”

knowable adj. 可知的

inflammable adj. 易燃的（inflame 点燃）

trantable adj. 温顺的（travt 拉→拉得动→温顺的）

conceivable adj. 想象得出的（conceive 设想，想象）

desirable adj. 值得要的（desire 渴望）

inviolable adj. 不右侵犯的（in 不 +viol 冒犯 +able；参考：violate 违反，冒犯

impregnable adj. 攻不破的(im 不 +pregn 拿住 +able; 参考: pregnant 怀孕的)

（3）–ably 表副词，“能…地”

suitably adv. 恰当地（suit 恰当）

dependably adv. 可靠地（depend 可靠）

lovably adv. 可爱地（love 爱）

（4）–aceous 表形容词，“具有…特征的”

herbaceous　adj 草本植物的（herb 草）

papyraceacs　adj 似纸的（papyr 纸 +aceous；参考：pspyrus 莎草纸）

curvacious　adj 有曲线美的（curve 曲线）

foliaceous　adj 叶状的（foli 叶 +aceous；参考：foliage 树叶）

（5）-acious 表形容词，“有特征的，多…的”

rapacious　adj 掠夺成性的（rape 掠夺，强奸）

sagacious　adj 睿智的（sage 智者）

capacious　adj 宽敞的（cap 能→的 +acious；参考：capble 有能力的）

fallacious　adj 错误的（fall 错；参考：fallacy 谬误）

vivacious　adj 活泼的（viv 活；参考：revive 复活）

audacious　adj 大胆的（aud 大胆 +acious；名词：audacity 大胆）

veracious　adj 真实的（ver 真；参考：verify 证实）

lopuacious　adj 啰唆的（loqu 讲话；参考：eloquent 雄辩）

（6）-acity 表名词，“有…倾向”

apacity　n. 容量；能力（cap 容纳）

loquavity　n. 健谈，多话（loqu 讲话）

ausacity　n. 大胆（auda 大胆）

veracity　n. 真实（ver 真）

tenacity　n. 固执（ten 拿住）

mendacity　n. 虚假；说谎（mend 缺点；参考：amend 弥补，改正）

（7）-acle 表名词，“…物品，状态”

receptacle　n. 容器（recept 接受）

manacle n. 手铐（man 手；参考：manuscript 手稿）

miracle n. 奇迹（mir 惊奇；参考：mirror 镜子）

tentacle n. 触角（tent 触，摸；参考：attentive 注意的，关心的）

pinnacle n. 尖塔 (pinn 尖 +acle）

obstacle n. 障碍（ob 在 +sta{=stand 站 }+acle →站在中间的物品→障碍）

debacle n. 解冻；崩溃（de 去掉 +bacle[=block]+acle →去掉大块东西→解冰块）

（8）–acy 表名词，“→性质，状态”

fallacy n. 谬误，错误（fall 错）

supremacy n. 至高无上（supreme 崇高的）

intimacy n. 亲密（intim 亲密；参考：intimate 亲密的）

conspiracy n. 同谋（con 共同 +spir 呼吸 +acy →共同呼吸→同谋）

celibacy n. 独身（celib 未婚；参考：celibate 独身者）

intricacy n. 错综复杂（in 进入 +tric[=trifle 琐碎事]+acy →进入琐碎之事）

contumacy n. 抗命，不服从（contum 反叛 +acy）

（9）ad 表名词，“…东西，状态”

doodad n. 美观而无用之物

myriad n. 许多，无数（myri 多 +ad）

ballad n. 歌谣，歌曲（ball 舞，歌）

nomad n. 流浪者，游牧人（nom 流浪）

第七章　世界脑力锦标赛

第一节　世界脑力锦标赛简介

1. 世界脑力锦标赛发展史

世界记忆锦标赛是在大脑思维运动方面最具影响力的国际性赛事。每年都有来自世界各地三十多个国家的成千上万名记忆选手报名参加，它代表了目前世界上记忆技术水平最高的国际性大脑思维竞技赛事。

经过十余年的发展，一年一度的世界记忆力锦标赛已成为最具权威的记忆力赛事，吸引了来自不同国度的参赛者和观众，并成为各国媒体竞相关注的焦点。2004 年墨西哥国际赛事就有 65 家国际媒体进行全程直播，伦敦《时代》杂志更是将 2004 年赛事列为头版新闻予以报道。

“世界记忆大师奖”在世界记忆锦标赛上是一个举足轻重的奖项，它代表了世界记忆锦标赛组委会对获奖者记忆水平的最高评价，也代表了获奖者在记忆力技巧和应用方面的突出表现。

迄今为止，世界记忆力锦标赛已在以下国家成功举办：中国、澳大利亚、南非、新加坡、德国、马来西亚、墨西哥、美国和英国等。

世界脑力锦标赛 LOGOL

2. 托尼·博赞

托尼·博赞1942年生于英国伦敦，毕业于英属哥伦比亚大学，拥有心理学、英语语言学、数学和普通科学等多种学位。他是迄今为止“门莎高智商协会”的“创造力智商”最高纪录保持者；所出版的二十多种大脑方面的图书已被翻译成几十种语言，在全球五大洲的五十多个国家出版，并成为世界顶尖级公司进行高级培训的必选教材。另外，他还出任一些政府部门，大学和研究院及大跨国集团公司的咨询专家，包括国际商用机器公司(IBM)、巴克莱国际公司、数字设备公司、HP公司等。他主持的大脑知识讲座已成为西方家喻户晓的节目，在无线广播、卫星电视及包括录像节目在内的各种媒体上大受欢迎。业内人士皆尊称他为“大脑先生”。

3. 世界脑力锦标赛比赛项目

世界记忆锦标赛挑战人类记忆的极限，设有十个比赛项目，分别为：二进制数字(Binary Digits)、虚拟历史事件(Dates)、一小时扑克牌(Hour Cards)、一小时数字(Hour Digits)、抽象图形（picture）、随机单词(Random Words)、快速扑克牌(Speed Wards)、数字速记(Speed Numbers)、听记数字(Spoken Numbers)，人名头像记忆（Name&Faces）。

（1）快速随机数字。在 5 分钟时间内尽可能地准确记忆更多的数字，有两次重试机会。

（2）一小时随机数字。在 1 个小时内尽可能多地记住随机的数字，在 120 分钟内回忆。

（3）听记数字。在有限的时间内尽量多回忆之前听见的数字，第一次，100 秒听记 100 个数字，5 分钟回忆；第二次，200 秒听记 200 个数字，10 分钟回忆；第三次，300 秒听记 300 个数字，15 分钟回忆。

（4）二进制数字。在 30 分钟内正确地记住大量的二进制数字，该项目提供 5100 位二进制数字供参赛者记忆。

（5）随机中文词语记忆。在 15 分钟内尽可能的记住那些随机单词，随后用 30 分钟准确的回忆出这些单词。

（6）虚拟事件和日期。在 5 分钟内记忆大量虚拟的历史日期，并且在 15 分钟内尽可能多的以数字形式表现的虚拟历史或未来日期并与正确的历史事件对应。

（7）抽象图形。在 15 分钟内记忆大量的抽象图形，并用 30 分钟回忆出这些图形。

（8）人名头像。在 15 分钟正确记住图片所对应的姓和名及拼写。

（9）快速扑克牌。在 5 分钟内尽可能快地准确记住一幅扑克牌的顺序，包括花色和数字。

（10）一小时扑克牌。在 60 分钟内记忆多副的扑克牌，在随后的 120 分钟内回忆出这些扑克牌。

第二节　世界脑力锦标赛破解

1. 数字记忆

方法：古罗马地点定桩法（记忆宫殿）——前面已经详细阐述。

第一步，找地点。构建记忆宫殿，通常30个地点为一组。

【例】

第一组

1. 楼阁 2. 楼阁门口 3. 讲台 4. 我的座位 5. 教室门口 6. 阳台 7. 花卉 8. 自行车 9. 龙眼树 10. 菠萝树 11. 喷泉 12. 塔尖 13. 摩托车 14. 学校电动门 15. 保安室 16. 水龙头 17. 九里香 18. 邮亭 19. 不锈钢部 20. 油行 21. 书架 22. 熟食档 23. 士多店 24. 蚕种场 25. 家私城沙发 26. 货车 27. 网吧招牌 28. 电线杆 29. 瓦屋顶 30. 酒店门口

第二组

1. 空调机 2. 沟通100 3. 花卉 4. 铁栏 5. 面包店 6. 斗车店 7. 牛奶店 8. 五金店 9. 花带 10. 路灯 11. 丽登酒店 12. 越野车 13. 围栏 14. 桃花源 15. 杨桃树 16. 荆棘丛 17. 大王椰 18. 灯箱 19. 甘蔗摊 20. 小火车 21. 小树 22.led牌 23. 谷场 24. 水渠 25. 喷泉 26. 拱桥 27. 风筝 .28. 大灯 29. 保安亭 30. 自行车

第三组

1. 烧烤台 2. 青菜 3. 桌子 4. 小泥潭 5. 海盗船脚 6. 海盗船 7. 游泳池边 8. 游泳池中 9. 台阶 10. 体育馆内场看台 11. 体育馆顶部 12. 小树 13. 柱子 14. 车棚 15. 市府电动门 16. 石狮子 17. 花桥 18. 香蕉树 17. 图书馆 18. 法拉利 19. 修车店 20. 帕萨特 21. 饭店 22. 药店 23. 二中西门 24. 竹子林 25. 烧烤档 26. 钢铁机 27. 西瓜档 28. 烤肉档 30. 鱼档

第二步，数字编码——110个

00 望远镜	01 小树	02 铃儿	03 三脚凳	04 小汽车
05 手套	06 手枪	07 锄头	08 溜冰鞋	09 猫
10 棒球	11 筷子	12 椅儿	13 医生	14 钥匙
15 鹦鹉	16 石榴	17 一汽	18 人民币	19 药酒

20 香烟	21 鳄鱼	22 双胞胎	23 和尚	24 闹钟
25 二胡	26 二流子	27 耳机	28 恶霸	29 二舅
30 三轮车	31 鲨鱼	32 扇儿	33 星星	34 三丝
35 山虎	36 山鹿	37 山鸡	38 妇女	39 三九胃泰
40 司令	41 蜥蜴	42 柿儿	43 死神	44 蛇
45 师傅	46 饲料	47 司机	48 石板	49 天安门
50 奥运五环	51 工人	52 鼓儿	53 乌纱帽	54 青年
55 火车	56 蜗牛	57 武器	58 尾巴	59 蜈蚣
60 榴莲	61 儿童	62 牛儿	63 流沙	64 螺丝
65 尿壶	66 蝌蚪	67 油漆	68 喇叭	69 料酒
70 麒麟	71 鸡翼	72 企鹅	73 花旗参	74 骑士
75 西服	76 汽油	77 汽水	78 青蛙	79 气球
80 巴黎铁塔	81 白蚁	82 靶儿	83 芭蕉扇	84 巴士
85 白狐	86 八路	87 白旗	88 爸爸	89 芭蕉
90 酒瓶	91 球衣	92 球儿	93 旧伞	94 首饰
95 救护车	96 旧炉	97 旧旗	98 球拍	99 澳门
0 呼啦圈	1 小树	2 鸭子	3 耳朵	4 帆船
5 秤钩	6 勺子	7 镰刀	8 眼镜	9 口哨

第三步，数字训练

【练习】

一小时数字项目问卷

一小时数字项目答卷

姓名： 组别：少儿 少年 成年 座位号：

																																								Row1
																																								Row2
																																								Row3
																																								Row4
																																								Row5
																																								Row6
																																								Row7
																																								Row8
																																								Row9
																																								Row10
																																								Row11
																																								Row12
																																								Row13
																																								Row14
																																								Row15
																																								Row16
																																								Row17
																																								Row18
																																								Row19
																																								Row20
																																								Row21
																																								Row22
																																								Row23
																																								Row24
																																								Row25

一小时数字项目答卷

9930673429113934352381600727880278530073Row1

1499698640493501704061605960603039810544Row2

3962198746109585126507542965314959872080Row3

2325509875541309698718145649768349352477Row4

4758772360752416993116878242064818487597Row5

2292003560463694281468694426578121006494Row6

9781350171684508748434252919229531038943Row7

0188436983704135815711894391621855469156Row8

2455709783488697590683626600435110449835Row9

0193325311036064533229718421311216506326Row10

7423107040817826142004028176831661195387Row11

9334405994465807385938686458590829451860Row12

2107669808443274940355363258298558566814Row13

1076745061768481888832464647146121592144Row14

9594531231309513096098621827155427666300Row15

7014872339993545141437704211262789072393Row16

6768837164582480719541841189340944385265Row17

8719332263995335228605284424174545688104Row18

8115919059700709185407125475399662265610Row19

2835682565030577649365132335515640278864Row20

2414702638882915297018536255234332529943Row21

5088286239499245635996655933948595401646Row22

4680402106540579899974209356680072353894Row23

8739181849478533914623379987250387436434Row24

8889705669985392810732152067264617148579Row25

2. 词语记忆

方法：（1）地点定桩法（记忆宫殿）（2）串联法

【练习】

1 问卷	21 奖杯	41 记分	61 牛人
2 小熊猫	22 文本	42 猪	62 大衣
3 裁判	23 霸气	43 老人	63 打乱
4 模板	24 白痴	44 烟花	64 页码
5 编辑	25 阿凡达	45 吃饭了	65 年代
6 冠冕堂皇	26 操作	46 隔断	66 故事
7 永亨	27 包租	47 组织	67 天真无邪
8 秋困	28 帮助	48 键盘	68 马三立
9 笃信	29 视图	49 报社	69 腾讯
10 花	30 子尤	50 美女	70 我
11 拼搏	31 椅子	51 飞尘围绕	71 鼠标
12 纠结	32 财务	52 背	72 校区
13 单位	33 怀孕者	53 抱枕	73 大话西游
14 别字	34 欢天喜地	54 帐篷	人品

3. 人名头像记忆

方法：联想＋想象

第一步，姓名转化；

第二步，找人物特征；

第三步，姓名与人物特征相结合。

斯蒂文·哈瑞

【例】斯蒂文·哈瑞

第一步，斯蒂文——斯文；哈瑞——哈喽

第二步，找人物特征，想象这个女的很斯文；微笑——代表哈喽；

第三步，姓名与人物特征对应记忆。

【练习】

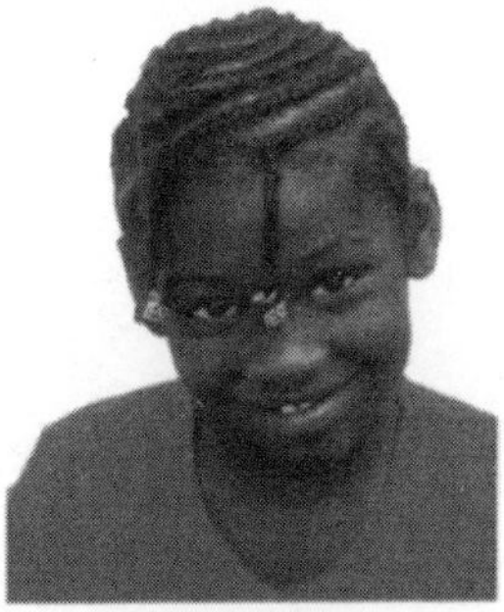

凯瑞·罗冰

艾伦·瓦卡

麦格·斯蒂

阿泰·本

朱利安·凯门

麦格·斯蒂

4. 抽象图形记忆

方法：古罗马定桩法（记忆宫殿）

第一步，图形转化，把抽象的图形转化成形象的东西。

图形转化规则：（1）形状　（2）纹理特征　（3）凸角特征

第二步，运用地点定桩法（记忆宫殿）记住顺序。

【例】记住这一页抽象图像的顺序

Abstract Images

第一步，把抽象图形转化为形象编码。

Abstract Images

（1）熊猫　（2）鱼尾　（3）燕子　（4）电视机　（5）拖把

第二步，用地点定桩法依次记住些抽象图形的顺序。

【练习】

问卷：

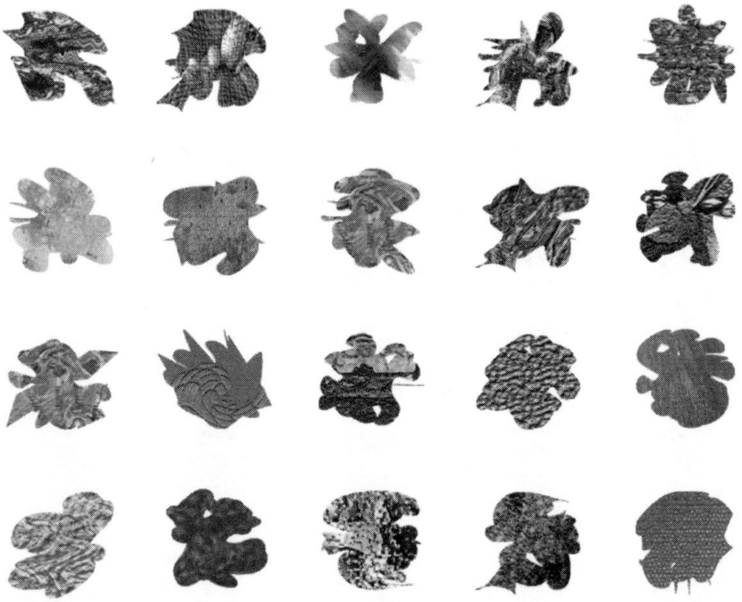

答卷：

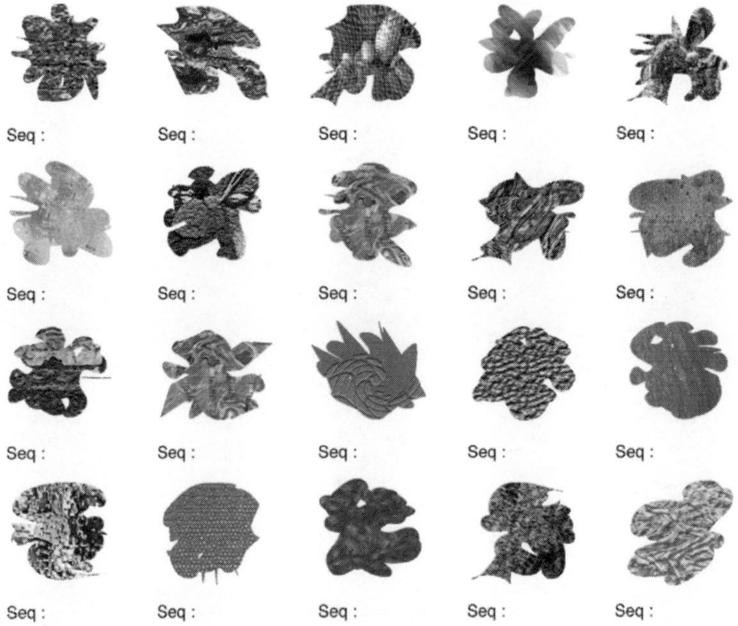
Seq : Seq : Seq : Seq : Seq :
Seq : Seq : Seq : Seq : Seq :
Seq : Seq : Seq : Seq : Seq :
Seq : Seq : Seq : Seq : Seq :

5. 二进制记忆

方法：地点定桩法（记忆宫殿）

编码：000——0；001——1；010——2；011——3；100——4；101——5；110——6；111——7

第一步，二进制转化为十进制；

第二步，运用地点定桩法记忆。

【例】记忆第一行二进制数字

0 0 1 0 1 1 1 0 1 0 1 1 0 0 1 0 1 0 1 1 0 1 1 1 0 1 0 1 1 0

1 1 0 0 1 0 1 1 0 1 1 0 1 1 1 1 0 1 0 1 0 0 0 0 1 1 0 1 1 0

1 0 1 0 0 1 1 1 1 1 0 0 0 1 1 0 0 0 1 0 1 0 1 0 0 1 1 0 1 0

第一步，把二进制转化成编码；

0 0 1 0 1 1 ——13（医生）； 1 0 1 0 1 1——53（乌纱帽）；

0 0 1 0 1 0 ——12（椅儿）；1 1 0 1 1 1 ——67（油漆）； 0 1 0 1 1 0 ——26（河流）

第二步，结合地点定桩法记忆。

【练习】

1 1 0 1 0 0 0 1 1 1 1 1 1 0 1 0 1 0 0 0 1 1 1 0 1 1 1 1 1 1

1 0 1 1 1 0 0 0 1 0 0 0 1 0 0 0 0 1 1 1 0 0 0 1 0 1 1 0 1 1

1 0 1 1 1 0 1 0 0 1 0 1 1 1 1 0 1 0 0 0 0 0 0 0 0 0 0 0 0 0

0 0 0 0 0 1 1 0 0 1 1 1 1 1 1 0 0 0 0 0 1 1 0 1 1 1 0 1 1 0

0 0 1 1 1 0 1 0 1 0 1 1 1 0 1 0 0 1 1 0 0 1 0 0 0 1 1 1 0 1

0 0 0 0 1 1 1 0 0 0 0 0 0 1 0 0 1 0 1 1 0 1 1 1 1 0 0 0 1 1 0

0 0 1 0 0 1 1 0 1 1 0 1 1 1 0 0 1 1 1 1 1 0 1 1 1 0 1 1 0 1

1 0 0 1 1 0 0 1 0 1 1 0 1 1 0 1 1 0 1 0 1 1 1 0 0 1 1 0 0 1

1 0 0 0 1 1 0 1 1 0 0 1 1 1 0 0 1 1 0 0 1 0 0 0 0 1 1 0 1 0

1 0 0 1 1 1 0 1 0 1 1 0 0 1 0 0 0 1 0 1 1 0 0 0 1 0 0 0 1 1

1 0 1 1 1 1 0 1 1 1 1 1 0 1 0 0 0 1 1 1 0 1 0 1 1 0 1 0 0 1

0 1 1 1 1 1 1 1 0 0 1 1 0 0 0 1 1 0 0 1 0 0 1 0 1 1 1 1 1 0

0 0 1 1 1 1 0 1 1 1 1 0 0 0 0 0 1 0 1 1 1 1 0 1 1 0 1 1 0 0

0 0 0 1 0 0 0 1 0 1 1 0 1 0 0 1 1 0 1 1 1 0 0 1 1 0 1 1 0 0

1 0 1 1 1 1 0 0 1 1 0 1 1 1 1 1 1 0 1 0 1 1 0 1 0 0 1 1 0 1

二进制项目答卷

姓名：　　　　组别：少儿　少年　成年　　　　座位号：

																														Row1
																														Row2
																														Row3
																														Row4
																														Row5
																														Row6
																														Row7
																														Row8
																														Row9
																														Row10
																														Row11
																														Row12
																														Row13
																														Row14
																														Row15

6. 扑克牌记忆

方法：地点定桩法

第一步，编码：

黑——1；红——2；梅花——3；方块——4

例如：

黑 A——11；红 A——21；梅花 A——31；方块 A——41

黑 2——12；红 2——22；梅花 2——32；方块 2——42

依次类推……

J——5；Q——6；K——7

例如：

黑 J——51；红 J——52；梅花 J——53；方块 J——54

黑 Q——61；红 Q——62；梅花 Q——63；方块 Q——64

黑 K——71；红 K——72；梅花 K——73；方块 K——74

第二步，运用地点定桩法记忆。

规则：一个地点放 2 张扑克牌

【例】记忆下面 10 张扑克牌

第一步，把扑克牌转化成编码：

黑桃 10—代表 10（棒球）；黑桃 J—代表 51（工人）；黑桃 Q—代表 61（儿童）；黑桃 K—代表 71（鸡翼）；黑桃 A—代表 11（筷子）；红桃 2—代表 22（双胞胎）；红桃 6—代表 26（河流）；红桃 9—代表 29（二舅）；红桃 Q—代表 62（牛儿）；红桃 K—代表 72（企鹅）

第二步，找地点桩

第三步，把扑克牌和地点桩相连接。

（注意：比赛时一个地点放两张牌）

例如：

（1）椅子上有把筷子插鸡翼；

（2）椅子上有很多儿童喊工人；

（3）花盆上有个棒子打死了企鹅；

（4）柜子里有个牛儿用角顶二舅；

（5）有个人河流里有对双胞胎。

第四步，根据地点桩回忆扑克牌。

7. 虚拟历史事件记忆

方法：数字编码法 + 联想法

【例】

1575	神奇道路能让车子“跳舞”

第一步，编码转化：15—月亮；75—西服

第二步，联想想象：月亮底下，有个穿西服的人在神奇的道路看车子“跳舞”。

【练习】

1874	男子住大桥桥孔里
1254	男子 42 年吃 1500 个灯泡
1935	DNA 在进化中起重要作用
1251	世界最迷你马诞生
1263	郑州网友四大猜想
1726	地震捐赠资金近 35 亿元
1976	小怪牛四只眼睛两张嘴
1928	桔片爽吃得非常爽
1637	老本输了世界脑力锦标赛
2067	非洲鹦鹉会说武汉话
1386	摄影师拍摄海豚

1006	妈妈产下 6.4 公斤巨婴
1752	大熊猫为求爱苦守 9 天
1915	荷兰窃贼偷走电视机
1364	男子钓到 54 斤特大鲤鱼
1237	游客手提包找食物
1086	狒狒拉开车门偷窃